DK

Natur und Technik

Weshalb? Deshalb!

Das Frage-und-Antwort-Lexikon

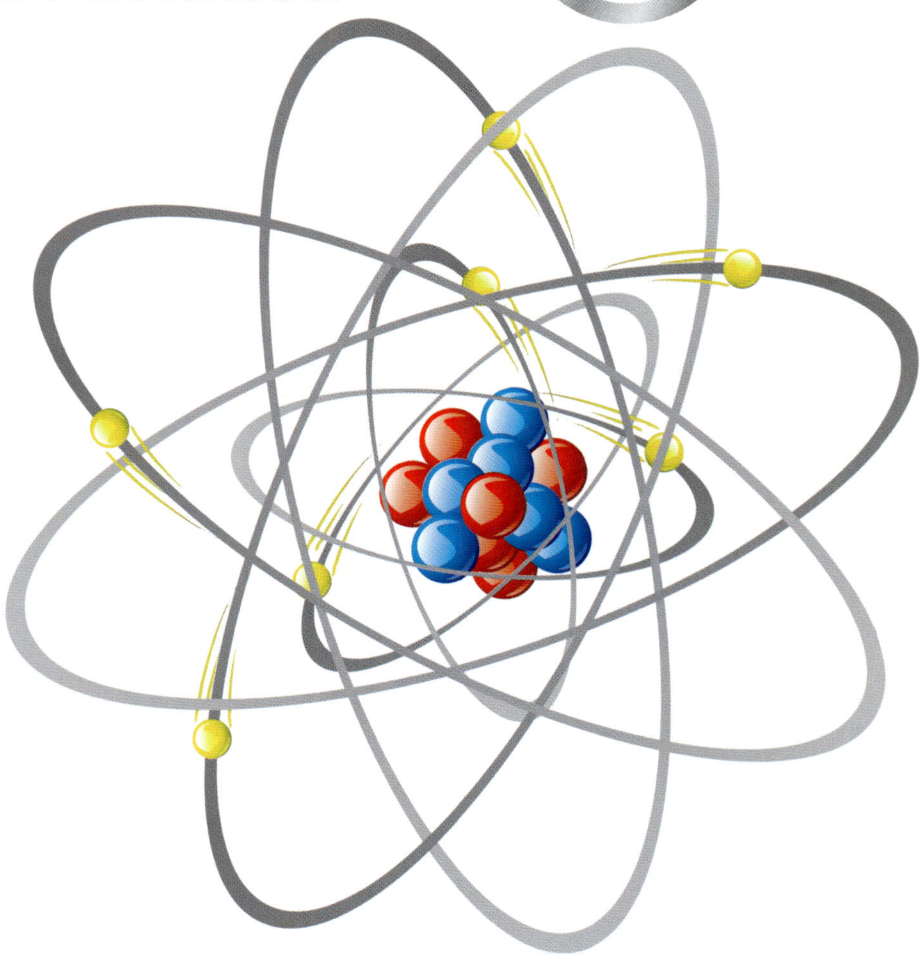

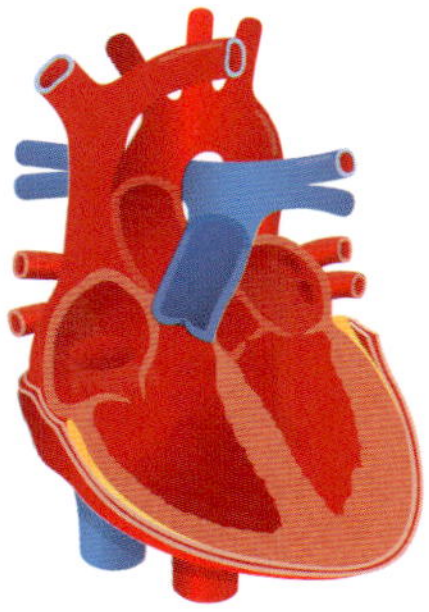

Outlaw

DK

Natur und Technik

Weshalb? Deshalb!

Das Frage-und-Antwort-Lexikon

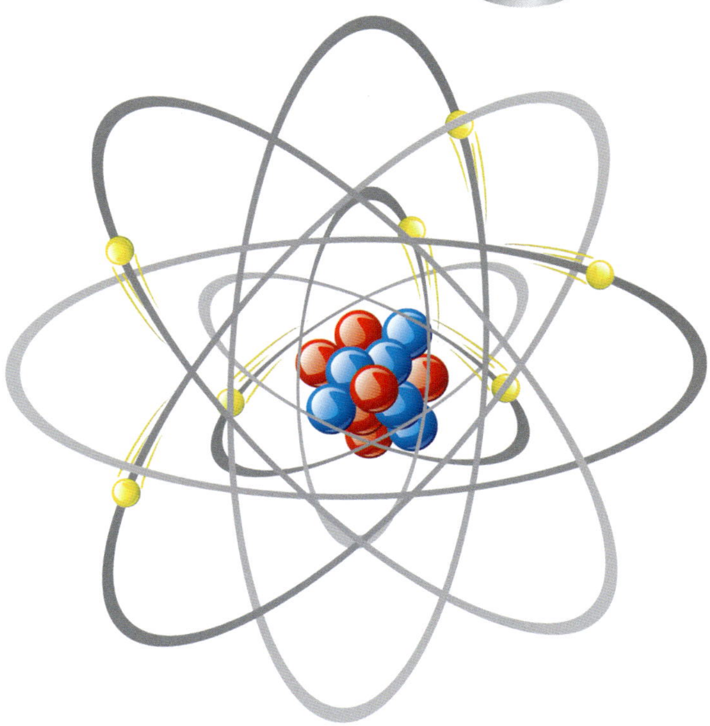

Emily Dodd

Penguin Random House

Text Emily Dodd
Fachliche Beratung Fulbridge Academy

DK London
Lektorat Lizzie Davey, Satu Fox, David Summers, Megan Weal, Amina Youssef, Laura Gilbert, Sarah Larter
Gestaltung und Bildredaktion Jim Green, Joanne Clark, Katie Knutton, Diane Peyton Jones, Martin Wilson
Herstellung Dragana Puvacic, Basia Ossowska

DK Delhi
Lektorat Vineetha Mokkil, Ishani Nandi, Shalini Agrawal, Shambhavi Thatte, Alka Thakur Hazarika
Gestaltung und Bildredaktion Nehal Verma, Shipra Jain, Seepiya Sahni, Romi Chakraborty, Neeraj Bhatia, Bimlesh Tiwari, Sakshi Saluja
Herstellung Pankaj Sharma
Illustrationen Mohd Zishan

Für die deutsche Ausgabe:
Programmleitung Monika Schlitzer
Redaktionsleitung Martina Glöde
Projektbetreuung Sebastian Twardokus
Herstellungsleitung Dorothee Whittaker
Herstellungskoordination Arnika Marx
Herstellung Inga Reinke

Titel der englischen Originalausgabe:
Why? Science

Übersetzung Dr. Michael Schmidt
Lektorat Elena Bruns

ISBN 978-3-8310-3689-9

Druck und Bindung RR Donnelley, China

MIX
Papier aus verantwortungsvollen Quellen
FSC® C144853

www.dk-verlag.de

Inhalt

Tiere und Pflanzen

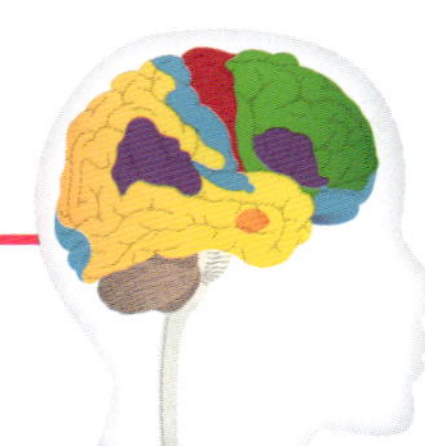

Mein Körper

Auf Seite 25 erfährst du, warum mein Fell so weich ist.

Chemische Elemente

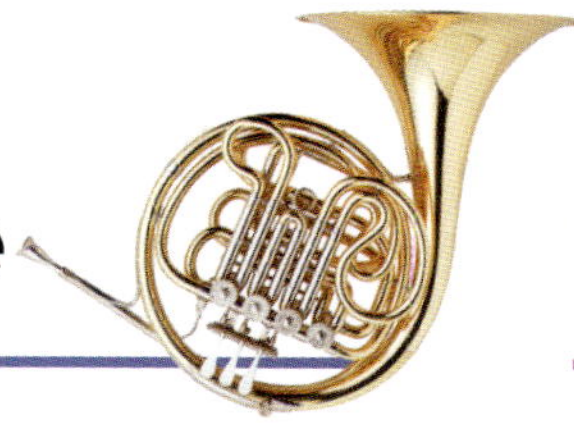

Energie

Kräfte und Bewegung

Unsere Erde

Was macht ein Wissenschaftler?

Ein Wissenschaftler sucht Antworten auf Fragen. Indem er nach Beweisen sucht und neue Ideen mit Experimenten testet, versteht er, wie und warum Dinge funktionieren. Naturwissenschaftler befassen sich mit der Erforschung der Natur. Es gibt drei Hauptgebiete: Chemie, Biologie und Physik.

Lebewesen

Die Wissenschaft von den Lebewesen und ihrer Umwelt nennt man Biologie. Sie erforscht, wie Menschen, Pflanzen und Tiere sich verhalten, entwickeln und an Veränderungen ihrer Umwelt anpassen.

Wissenschaftler helfen seit jeher bei der Erfindung neuer Dinge, vom Rad bis zum Smartphone.

Bewegung und Kräfte

Die Physik beschäftigt sich mit der Schwerkraft, Magneten, Elektrizität, Licht, Schall, Wärme, Energie, Kräften und der Bewegung von Objekten.

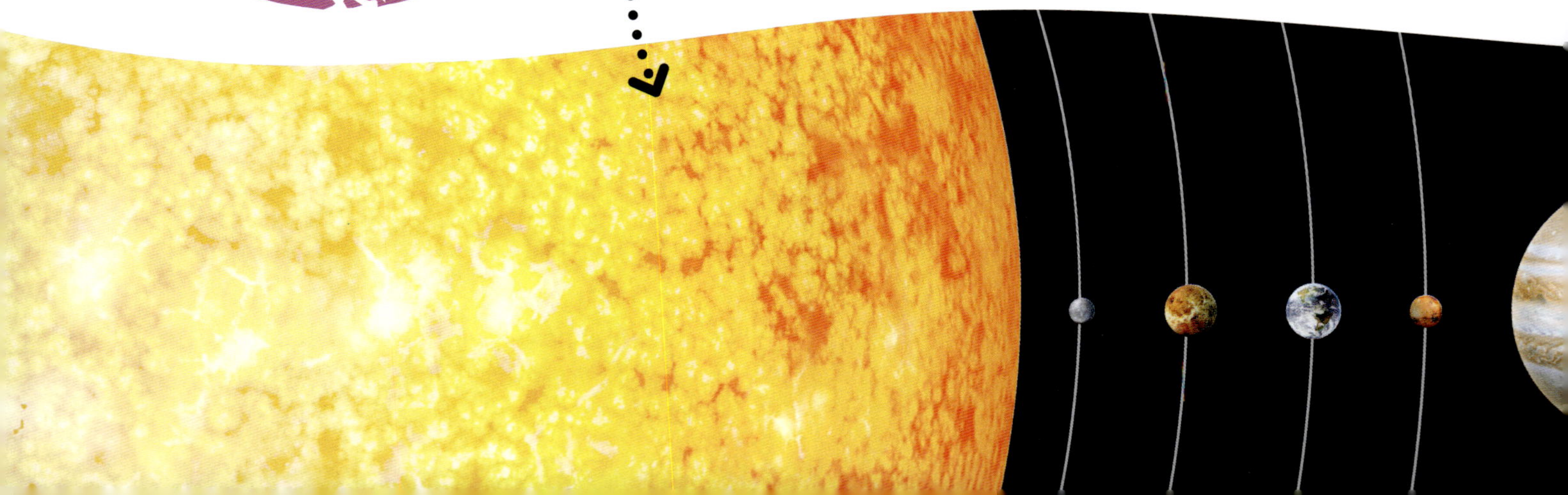

Chemische Elemente

Die Chemie erforscht, woraus Dinge bestehen. Sie untersucht, wie sich winzige Teilchen, die Atome, anordnen und verändern lassen, um verschiedene Elemente zu ergeben.

Warum brauchen wir die Wissenschaft?

Wissen erweitern

Überprüfen Wissenschaftler ihre Ideen mit Experimenten, erhalten sie neue Informationen über die Welt um sie herum. Sie nutzen diese Informationen, um wieder neue Ideen zu bekommen.

Probleme lösen

Nur wenn wir verstehen, wie etwas funktioniert, können wir neue hilfreiche Dinge erfinden. So können wir etwa mit dem Wissen über Bewegung schnelle Autos bauen.

? *Stimmt das?*

1. Chemie ist die Wissenschaft von den Lebewesen.
2. Wissenschaftler testen neue Ideen, indem sie Experimente durchführen.

Die Antworten findest du auf S. 132–133.

Tiere und Pflanzen

Unsere Welt ist voller Leben. Ob winzige Bakterien oder riesige Elefanten – alle Lebewesen brauchen Nahrung und Luft zum Atmen, um auf der Erde zu überleben.

Was brauchen Lebewesen zum Überleben?

Alle Lebewesen benötigen verschiedene Dinge, um leben und wachsen zu können: Nahrung, Wasser, Licht, Luft, Schutz und gleichbleibende Temperatur. Manchmal können sie auch ohne eines dieser Dinge überleben, etwa in einer dunklen Höhle.

Luft

Lebewesen holen aus der Luft ein Gas. Damit wandeln sie Nahrung in Energie um. Dies nennt man Atmung.

Wasser

Tiere und Pflanzen brauchen zum Leben Wasser. Tiere müssen Wasser zum Trinken suchen, Pflanzen holen es mit ihren Wurzeln aus dem Boden.

? Stimmt das?

1. Riesenschildkröten leben sehr lange.
2. Bärtierchen können sogar im All ohne Luft überleben.
3. Langlebige Kiefern können bis zu 5000 Jahre alt werden.

Die Antworten findest du auf S. 132–133.

Auf der Erde gibt es rund 8,7 Millionen Arten von Lebewesen.

Sonnenlicht

Die Sonne liefert Licht und Wärme. Die meisten Pflanzen brauchen das Sonnenlicht, um zu wachsen. Tiere brauchen zum Überleben eine beständige Temperatur.

Schutz

Viele Tiere suchen sich Verstecke, damit sie sich und ihre Jungen vor Kälte und anderen Tieren schützen können.

Nahrung

Lebewesen brauchen Nahrung zum Wachsen und zur Fortpflanzung. Pflanzen stellen aus Sonnenlicht Nahrung her. Tiere fressen Pflanzen oder jagen andere Tiere.

Welche Tiere überleben auch unter schwierigen Umweltbedingungen?

Bärtierchen

Diese mikroskopisch kleinen Tierchen können extreme Temperaturen überleben. Bärtierchen leben in der Tiefsee, in der eiskalten Antarktis und sogar an Vulkanen.

Anglerfisch

Der Anglerfisch lebt bei sehr niedrigen Temperaturen in der Tiefsee. Die meisten Tiere würden unter so viel Wasser zerdrückt werden.

Was ist ein Tier?

Tiere sind Lebewesen, die atmen, sich bewegen, sich verständigen, Babys bekommen und die Welt um sich herum wahrnehmen können. Sie brauchen Nahrung, um Energie zu erhalten. Wir teilen alle Tiere in Gruppen ein, je nachdem, wie ähnlich sie einander sind.

Amphibien

Zu den Amphibien zählen Frösche, Kröten und Molche. Sie sind Kaltblüter, das heißt, sie brauchen Wärme aus ihrer Umgebung. Die meisten leben teils im Wasser, teils an Land.

Fische

Fische leben im Wasser und atmen Sauerstoff durch Kiemen, die sich seitlich an ihrem Körper befinden. Auch Haie gehören zur Gruppe der Fische.

Säugetiere

Säugetiere gebären ihre Jungen lebend und ernähren sie mit Milch. Sie haben Haare und sind Warmblüter. Auch Menschen gehören zu den Säugetieren.

Wirbellose

Wirbellose Tiere haben keine Wirbelsäule. 97 Prozent aller Tiere sind Wirbellose – Insekten, Spinnen, Krebse und glibberige Wesen wie etwa Schnecken und Quallen.

Vögel

Vögel haben als einzige Tiere Federn und können meist fliegen. Sie legen Eier und haben leichte Knochen, einen Schnabel und Krallen.

Reptilien

Reptilien sind Kaltblüter mit trockener, schuppiger Haut und Klauen. Meist legen sie Eier. Manche Reptilien haben am Rücken Schilde oder Platten.

Sind alle Lebewesen Tiere?

Pflanzen

Pflanzen erzeugen ihre Nahrung aus Sonnenlicht und Kohlendioxid. Es handelt sich also nicht um Tiere.

Pilze

Es gibt Speise- und Giftpilze, Schimmel- und Hefepilze. Diese Lebewesen sind eng mit Pflanzen und Tieren verwandt.

? Bilderrätsel

Zu welcher Gruppe gehören Quallen?

Die Antwort findest du auf S. 132–133.

Wie klein sind Bakterien?

Alle Lebewesen bestehen aus winzigen Teilen, den Zellen. Bakterien bestehen aus nur einer einzigen Zelle. Du kannst die kleinsten Lebewesen auf dieser Erde nur unter einem Mikroskop sehen. Manche Bakterien sind nützlich, andere machen uns krank.

Mehrere Formen

Bakterien gibt es in drei Formen: stabförmig, rund oder spiralförmig. Sie vermehren sich durch Teilung.

Mikroorganismen

Dieses Bakterien-Foto wurde mit einem Mikroskop gemacht. Winzige Lebewesen wie diese nennt man Mikroorganismen.

Gibt es weitere Mikroorganismen?

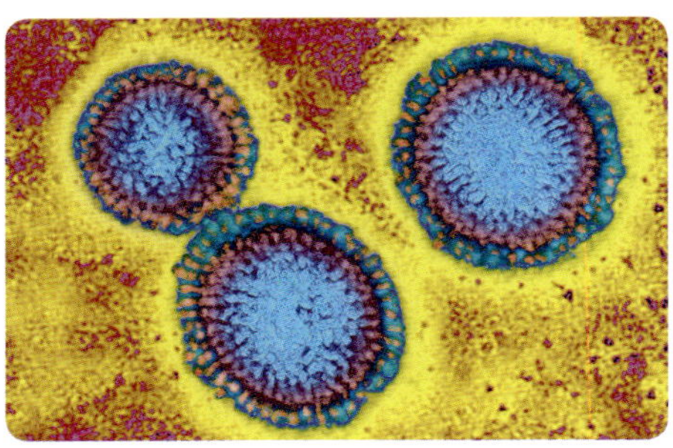

Viren

Viren sind noch kleiner als Bakterien. Sie leben in den Zellen von Lebewesen. Vermehren sie sich, platzen sie aus der Zelle heraus und verbreiten sich.

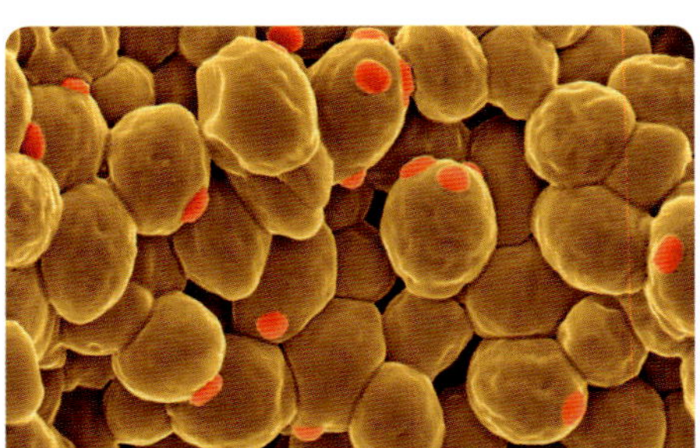

Pilze

Manche Pilze sind Mikroorganismen. Die Hefe ist ein einzelliger Pilz. Sie frisst Zucker und gibt Gas ab. So sorgt sie etwa beim Brotbacken dafür, dass der Teig aufgeht.

Größenvergleich

Der gelbe Punkt zeigt die Größe einer Bakterie im Vergleich zur Dicke eines Menschenhaars. Zwanzig Bakterien sind so dick wie ein Haar.

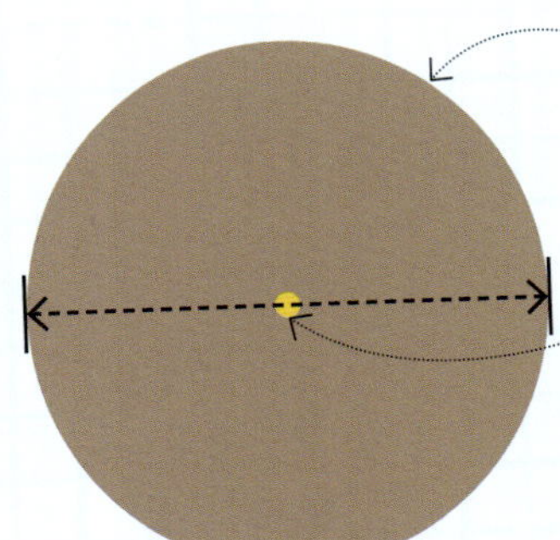

Ein Haar ist 0,1 mm dick.

Eine Bakterie ist 0,005 mm dick.

Die Größe einer Bakterie im Vergleich zur Dicke eines Menschenhaars

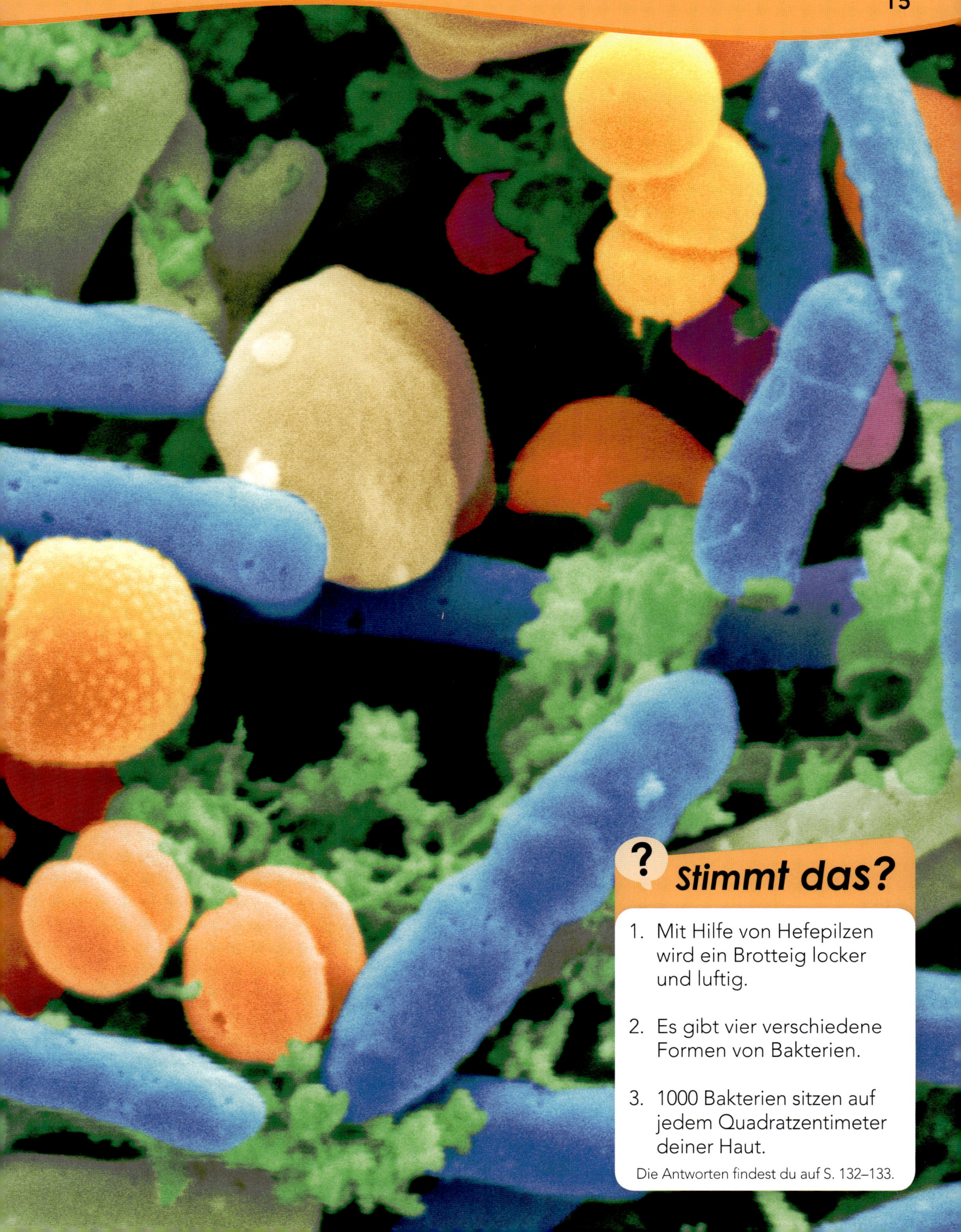

Stimmt das?

1. Mit Hilfe von Hefepilzen wird ein Brotteig locker und luftig.
2. Es gibt vier verschiedene Formen von Bakterien.
3. 1000 Bakterien sitzen auf jedem Quadratzentimeter deiner Haut.

Die Antworten findest du auf S. 132–133.

Wie wachsen Pflanzen?

Pflanzen entstehen aus Samen. Das sind winzige Päckchen mit allem, was Pflanzen unter den richtigen Bedingungen zum Wachsen brauchen. Sie nutzen Energie aus Sonnenlicht und wachsen aufwärts. Ihre Wurzeln wachsen meist nach unten.

Spross
Der Spross wächst aufwärts. Er trägt schon die ersten beiden Blätter.

Samen
Der Samen wird von einer Hülle geschützt. Bei der richtigen Temperatur und genügend Feuchtigkeit bricht sie auf.

Wurzel
Die Wurzel tritt aus und bewegt sich nach unten, um die Pflanze zu befestigen. Sie nimmt Wasser und Nahrung aus dem Boden auf.

Fotosynthese

Pflanzen nehmen Sonnenlicht, Wasser und ein Gas namens Kohlendioxid auf. Daraus erzeugen sie einen Zucker, die Glukose. Sie ist Nahrung für die Pflanze und gibt ihr Energie zum Wachsen. Sind Licht, Wasser und Kohlendioxid verbraucht, gibt die Pflanze Sauerstoff ab.

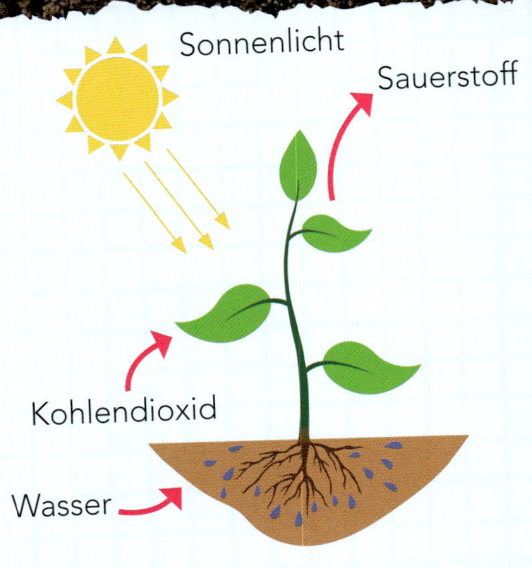

Pflanzenenergiekreislauf

Ein natürlicher Farbstoff namens Chlorophyll nimmt Lichtenergie aus der Sonne auf. Er macht die Blätter grün.

Erste Blätter

Die Blätter öffnen sich, um Sonnenlicht aufzunehmen. Die Pflanze erhält Energie zum Wachsen.

Stängel

Der Stängel bringt Wasser aus dem Boden in die ganze Pflanze. Er wächst dank der Energie aus den Blättern in die Höhe.

Wurzeln

Die Pflanzenwurzeln wachsen abwärts, verankern die Pflanze und versorgen sie mit Wasser und anderen wichtigen Dingen aus dem Boden.

? Stimmt das?

1. Samen können jahrelang ruhen, bevor sie wachsen.
2. Die meisten Pflanzen wachsen ohne Sonnenlicht.
3. Löwenzahn verbreitet seine Samen im Wind.

Die Antworten findest du auf S. 132–133.

Wie verbreiten Pflanzen ihre Samen?

Explodierende Kapseln

Die Samen mancher Pflanzen wachsen in Kapseln, die aufplatzen und die Samen überallhin verstreuen.

Wind

Manche Samen sind sehr leicht und fürs Fliegen geformt. Löwenzahn lässt seine Samen vom Wind an andere Orte tragen.

Wasser

Viele Samen schwimmen auf Bächen und Flüssen, um an anderen Orten aufzugehen. Kokosnüsse schwimmen im Meer und verbreiten so ihre Samen.

Wieso sind manche Lebewesen klebrig?

Lebewesen können auf verschiedene Weise klebrig sein, etwa mit Hilfe von Haken, Saugnäpfen, Haaren, Flüssigkeiten oder Schleim. Manche Pflanzen fangen mit klebrigen Flüssigkeiten Insekten, die auf ihnen landen und kleben bleiben.

Klebrige Enden

Winzige haarähnliche Tentakel haben am Ende klebrige, süße Flüssigkeitsbläschen. Ihr Duft zieht Insekten an.

Wie bleiben Lebewesen haften?

Kletten

Manche Pflanzen verbreiten ihre Samen mittels Haken, die am Fell eines Tieres hängen bleiben. Bewegt sich das Tier, fallen sie ab.

Napfschnecken

Napfschnecken halten sich mit einer klebrigen Flüssigkeit und einem starken Fußmuskel durch Drehen und Reiben perfekt an Steinen fest.

Klettverschluss

Das Prinzip des Klettverschlusses hat sich der Mensch von der Natur abgeschaut. Ein Klettverschluss hat auf einer Seite Haken und auf der anderen Schlingen. Er ersetzt Schnürsenkel oder Knöpfe.

Haken und Schlingen

Falsche Blütenblätter

Die klebrigen Blätter der fleischfressenden Pflanze Sonnentau wirken wie Blütenblätter und locken Insekten an.

? Stimmt das?

1. Manche Pflanzen fangen Insekten mit klebriger Flüssigkeit.
2. Den Klettverschluss hat sich der Mensch von Pflanzen wie Kletten abgeschaut.
3. Spinnen haben klebrige Bläschen an den Füßen.

Die Antworten findest du auf S. 132–133.

Sind Spinnen Insekten?

Eine Spinne ist kein Insekt. Sie hat acht statt sechs Beine und einen zweiteiligen und keinen dreiteiligen Körper. Spinnen sind mit Skorpionen, Zecken und Milben verwandt. Zusammen bilden sie die Gruppe der Spinnentiere.

Augen

Spinnen haben meist vier Augenpaare. Sie sitzen auf dem Kopf verteilt, sodass sie Gefahren von allen Seiten erkennen können.

Körper

Der Körper einer Spinne hat zwei Teile. Einen Teil bildet der Kopf zusammen mit dem Brustkorb, der andere wird Hinterleib genannt.

Insekt oder Spinne?

Insekten und Spinnen unterscheiden sich vor allem durch ihre Körperteile, Beine und Flügel.

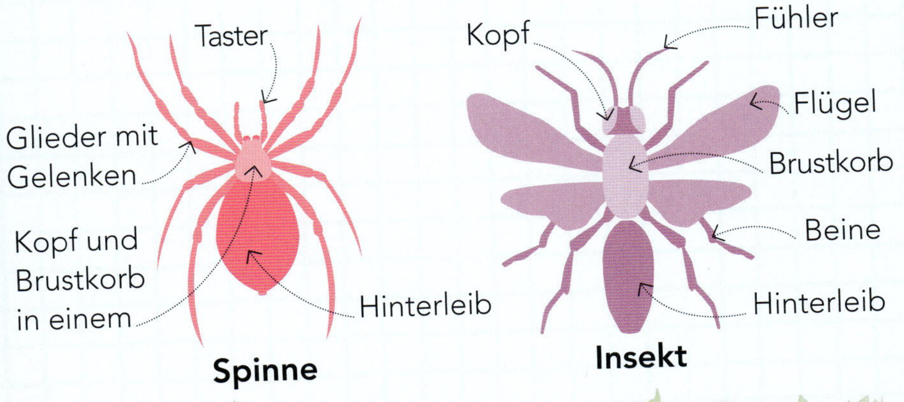

Beine

Spinnen haben insgesamt acht Beine mit Gelenken. Die Beinhaare spüren winzige Luftbewegungen.

Warum erzeugen Spinnen Seide?

Für Eibehälter

Weibchen spinnen ein Seidenbett für Hunderte von Eiern. Sie hüllen es in eine Seidenkugel und hängen sie sicher auf.

Für Netze

Spinnen weben aus Seide klebrige Netze, um Nahrung zu fangen. Gefangene Insekten hüllen sie in Spinnenseide.

? Stimmt das?

1. Manche Spinnenarten haben Flügel.
2. Alle Spinnen können Seide erzeugen.
3. Spinnen und Insekten haben zum Schutz eine Schale, das Außenskelett.

Die Antworten findest du auf S. 132–133.

Wozu dienen Federn?

Vögel haben Federn, um sich zu wärmen, zu verstecken, Feinde abzuwehren und sogar um anzugeben! Federn sind leicht und widerstandfähig. Sie bilden zusammen eine stabile Oberfläche zum Fliegen.

Häkchen

Federn haben feine Äste, die dank Häkchen aneinanderhängen und eine glatte Oberfläche zum Fliegen bilden. Mit dem Schnabel richten Vögel Häkchen, die zerzaust sind.

Federkleid

Vögel haben am Körper weiche, flauschige, kurze Federn, Daunen genannt. Diese Daunen umhüllen eine Luftschicht, die den Vogel wärmt.

Wozu dienen Vogelfedern sonst noch?

Tarnen

Die Federn vieler Vögel sind an die Umgebung angepasst. So verstecken Vögel sich vor Tieren, die sie fressen wollen. Diese Nordamerikanische Rohrdommel ist braun wie der Sumpf, in dem sie lebt.

Angeben

Manche Vogelmännchen wie der Pfau versuchen mit ihrem bunten Gefieder Weibchen anzulocken und sie zu beeindrucken. Andere schrecken damit Feinde ab.

Woraus bestehen Federn?

Federn bestehen wie Fingernägel und Tierhörner aus Keratin. Sie haben in der Mitte ein starkes Röhrchen, den Federkiel. Der weiche Teil der Feder heißt Federfahne.

Flugfedern

Flugfedern sind verschieden geformt und lang. Zusammen bilden sie den fürs Fliegen perfekt geformten Flügel.

Auftrieb

Drücken die Flügelfedern Luft nach unten, drückt die Luft zurück nach oben und hebt den Vogel hoch. Vögel nutzen Luftbewegungen für den Auftrieb und fürs Gleiten.

Schwanzfedern

Vögel steuern und balancieren beim Fliegen mit ihren Schwanzfedern. Damit können sie auch bei der Landung abbremsen.

? Bilderrätsel

Der schwerste Vogel der Welt kann nicht fliegen. Wie heißt er?

Die Antwort findest du auf S. 132–133.

Welche Tiere haben ein Fell?

Fast alle Säugetiere besitzen eine Körperbehaarung, das Fell. Säugetiere sind warmblütige Wirbeltiere, die Luft atmen und deren Weibchen die Jungen mit Milch füttern. Bären, Katzen und Schafe sind Säugetiere. Auch Menschen sind Säugetiere – unsere Haare bilden ein ganz dünnes Fell!

Spitze Zähne

Geparde sind Fleischfresser – sie fressen andere Tiere. Mit ihren spitzen Zähnen reißen sie Fleisch vom Knochen.

Dunkle Flecken

Jeder Gepard hat sein ganz eigenes Fleckenmuster, das ihn von anderen Geparden unterscheidet.

Fellwechsel

Bei manchen Säugetieren ändert sich mit den Jahreszeiten das Fell. Im Sommer haben Polarhasen ein dichtes dunkles Fell. Im Winter werfen sie es ab und bekommen ein weißes Fell. So sind sie das ganze Jahr über gut getarnt.

Empfindliche Schnurrhaare

Viele Säugetiere haben steife, lange Schnurrhaare. Feine Nervenenden an der Wurzel dieser Haare verraten dem Tier, dass es etwas berührt.

Tarnung

Mit der sandbraunen Farbe des Fells und dem Fleckenmuster passt sich der Gepard bei der Jagd seiner Umgebung an. Dies nennt man Tarnung.

? Stimmt das?

1. Alle Säugetiere leben an Land.
2. Auch Reptilien haben Fell am Körper.
3. Seeotter besitzen von allen Tieren das dickste Fell.

Die Antworten findest du auf S. 132–133.

Haben alle Tiere die gleiche Art Fell?

Igel

Igel haben steife, spitze Haare, Stacheln genannt. Um sich bei Gefahr zu schützen, rollen sie sich zu einer Stachelkugel zusammen.

Chinchilla

Chinchillas haben ein ganz weiches Fell – etwa 60 Haare wachsen aus jeder Haarwurzel. Menschen haben ein bis drei Haare in jeder Wurzel.

Wale

Wale kommen mit einer kleinen Menge Fell an Kinn und Oberkiefer zur Welt. Dieses bartartige Fell verlieren sie kurz nach der Geburt.

Was fressen Löwen?

Löwen jagen und fressen andere Tiere. Die Großkatzen sind Raubtiere. Die Tiere, die sie jagen, nennt man Beute. Löwen stehen an der Spitze der Nahrungskette, da kein anderes Tier Jagd auf sie macht.

Wegen ihres gestreiften Fells erkennen Löwen Zebras im hohem Gras nur schwer.

Nahrungskette

Alle Lebewesen benötigen Energie, um zu leben. Der Löwe frisst das Zebra, um Energie zu erhalten. Das Zebra bekommt seine Energie, da es Gras frisst, das sich die Energie aus dem Sonnenlicht holt. Diese Beziehung zwischen den Lebewesen nennt man Nahrungskette.

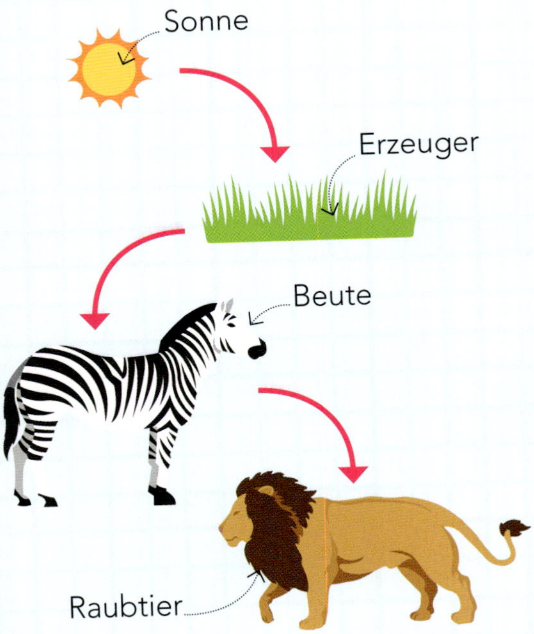

Der Löwe steht an der Spitze der Nahrungskette.

Was macht Löwen zu guten Jägern?

Spitze Zähne und raue Zunge
Löwen reißen ihre Beute mit spitzen Zähnen und schaben mit ihrer rauen Zunge Fleisch von den Knochen.

Spitze Krallen und starke Pfoten
Mit spitzen Krallen und starken Pfoten fangen und halten Löwen ihre Beute fest. Löwenpfoten sind in etwa so groß wie Essteller.

Auf der Flucht

Löwen fressen meist gleich große oder größere Tiere – am liebsten junge, alte oder verletzte, die leichter zu fangen sind.

Auf Beutejagd

Löwen jagen im Rudel, wobei Löwinnen die meiste Arbeit verrichten. Sie treiben die Beute zu ihrer Gruppe.

? Stimmt das?

1. Männliche Löwen beteiligen sich am stärksten an der Jagd.
2. Löwen schlafen am Tag 18 bis 20 Stunden.
3. Löwen leben in Australien.

Die Antworten findest du auf S. 132–133.

Wie entstehen Schmetterlinge?

Die bunten Falter durchlaufen eine Verwandlung von Raupen in farbenprächtige fliegende Insekten. Dieser Umwandlungsprozess heißt Metamorphose.

Eier

Schmetterlingsweibchen legen auf Blättern kleine klebrige Eier ab. Je nach Schmetterlingsart sind diese verschieden geformt.

Von der Kaulquappe zum Frosch

Nicht nur Schmetterlinge erleben eine Metamorphose. Aus Eiern, Froschlaich genannt, entstehen fischartige Kaulquappen. Sie bekommen Arme und Beine und verlieren später den Schwanz, um Frösche zu werden.

Schlüpfen

Der neue Schmetterling schlüpft aus dem Kokon. Die weichen und feuchten Flügel müssen erst trocknen und sich entfalten, bis der Schmetterling fliegen kann.

Raupe

Raupen schlüpfen aus Eiern und fressen erst das Blatt, an dem ihr Ei klebt. Dann fressen sie weitere Blätter der Pflanze. Um groß zu werden, müssen sie sehr viele Blätter fressen.

Puppe

Ausgewachsene Raupen hängen sich an ein Blatt oder einen Zweig und bilden eine harte Hautschicht um sich herum, den Kokon. Im Kokon entwickelt sich die Raupe zur Puppe.

Schmetterling

Ausgewachsene Falter haben farbenfrohe Flügel. Männchen und Weibchen paaren sich. So entstehen neue Eier.

Welche Merkmale haben Falter?

Rüssel

Schmetterlinge haben einen langen, halmartigen Rüssel. Damit saugen sie Nektar, eine zuckerhaltige Flüssigkeit.

Augenflecken

Manche Schmetterlinge haben augenähnliche Flecken auf ihren Flügeln. Damit bringen sie Fressfeinde dazu, die Flügel und nicht den Körper anzugreifen.

? *Stimmt das?*

1. Raupen müssen sehr viel fressen, um zu wachsen.
2. Kokons sind meist grün oder braun, um sich den Pflanzen in der Umgebung anzupassen.
3. Schmetterlinge schmecken mit den Füßen.

Die Antworten findest du auf S. 132–133.

Warum frieren Eisbären nicht?

Durch Anpassung können Tiere an bestimmten Orten gut leben. Der Körper von Eisbären ist durch seine besonderen Eigenschaften perfekt an das Leben in der eiskalten Arktis angepasst.

Augen

Durch ein durchsichtiges weiteres Augenlid kann der Eisbär unter Wasser und in Schneestürmen gut sehen.

Nase

Eisbären haben einen großartigen Geruchssinn, um Nahrung zu finden. Eine Robbe riechen sie über eine Entfernung von 30 Kilometern!

Hohle Haare

Jedes Eisbärenhaar ist ein durchsichtiges Röhrchen. Das Sonnenlicht gelangt durchs Haar zur schwarzen Haut des Bären, die die Wärme aufnimmt.

Charles Darwin

Charles Darwin entdeckte, dass sich Tiere im Lauf von Jahrmillionen verändern. Er nannte dies Evolution. So hat sich auch der Eisbär an seine kalte Umgebung angepasst.

Charles Darwin

Fett
Unter der Haut liegen bis zu 10 Zentimeter Fett, das den Bären warmhält.

Fell
Eine dichte, kürzere Fellschicht fängt die Luft ein und hält den Eisbären warm. Längere Haare bilden eine wasserdichte Schicht.

Pfoten
Die Pfoten wirken auf glattem Eis wie Schneeschuhe. Sie haben auch Schwimmhäute.

Eisbären können ohne Pause bis zu 100 Kilometer schwimmen.

Welche Tiere konnten sich nicht anpassen?

Riesenhirsch
Vor 12 500 bis 10 000 Jahren war es noch viel kälter auf der Erde. Als der Schnee schmolz, starb der Riesenhirsch aus.

Wollhaarmammut
Als es wärmer wurde, jagten mehr und mehr Menschen Mammuts – bis es keine mehr gab. Die Mammuts starben aus.

? Stimmt das?

1. Eisbären fressen am liebsten Pinguine.
2. Eisbären haben schwarze Haut.
3. Eisbären leben in der Antarktis.

Die Antworten findest du auf S. 132–133.

Vergrabener Schatz

Paläontologen sind Forscher, die Fossilien wie ein Puzzle zusammensetzen. So erfahren sie, wie die Dinosaurier aussahen und wie sie sich verhielten.

Was sind Fossilien?

Die versteinerten Knochen und Überreste von Dinosauriern, die heute gefunden werden, nennt man Fossilien. Es gibt auch Fossilien von Hörnern, Muscheln, Pflanzen, Kot und Fußabdrücken.

Quiz

1. Wieso sind Fossilien so selten?
2. Wie nennt man Wissenschaftler, die Fossilien untersuchen?
3. Wie heißt versteinerter Dinosaurierkot?

Die Antworten findest du auf S. 132–133.

Wie entstehen Fossilien?

Fossilien von Dinosauriern entstehen, wenn ein Tier nach dem Tod schnell von Schlamm und Sand bedeckt wird und seine harten Knochen durch Mineralien ersetzt und zu Stein werden. Jahrmillionen nach dem Tod des Dinosauriers finden wir seine Fossilien manchmal im Boden.

Der tote Dinosaurier wird rasch unter Sand, Asche oder Schlamm begraben.

Sedimentschichten pressen die Überreste zusammen. Mineralien ersetzen die Knochen.

Das Gestein hebt sich, wird allmählich abgetragen und die Fossilien liegen frei.

Aus Knochen wird Stein

Aus den harten Knochen des Dinosauriers ist im Lauf der Jahrmillionen ganz langsam Gestein geworden.

Tiere der Urzeit

Dinosaurier starben schon vor 66 Millionen Jahren aus, doch ihre Fossilien geben uns viele Hinweise über ihr Leben.

Was haben Dinosaurier noch hinterlassen?

Fußabdrücke

Auch Dinosaurierfußabdrücke wurden unter Sand, Asche oder Schlamm begraben. Sie wurden genau wie Knochen zu Fossilien.

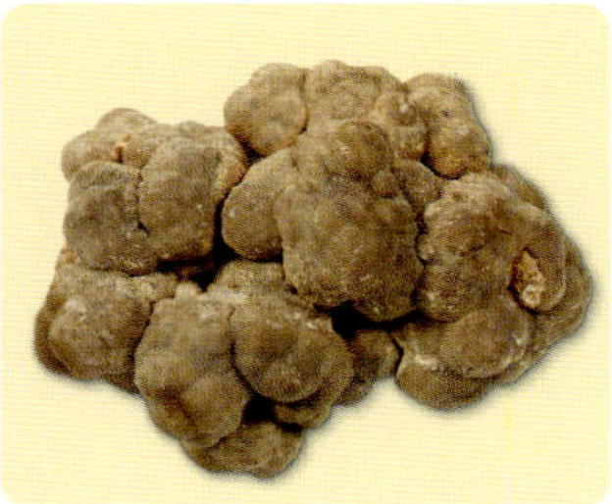

Koprolith

Als Koprolith bezeichnet man versteinerten Dinosaurierkot. Er verrät Paläontologen, was Dinosaurier gefressen haben.

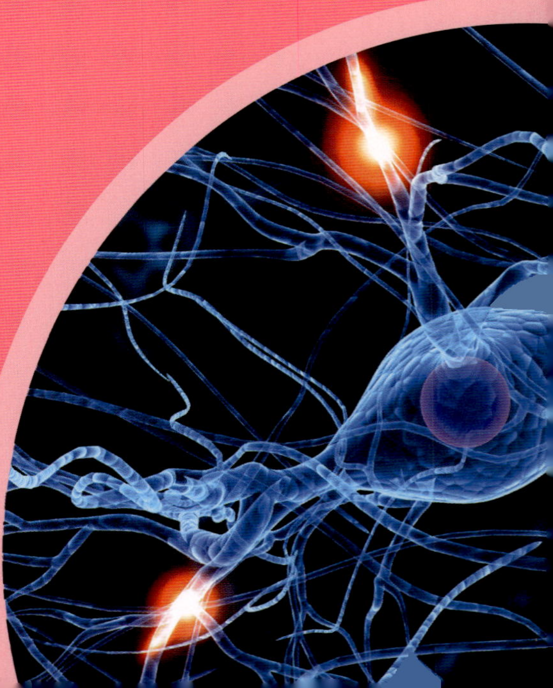

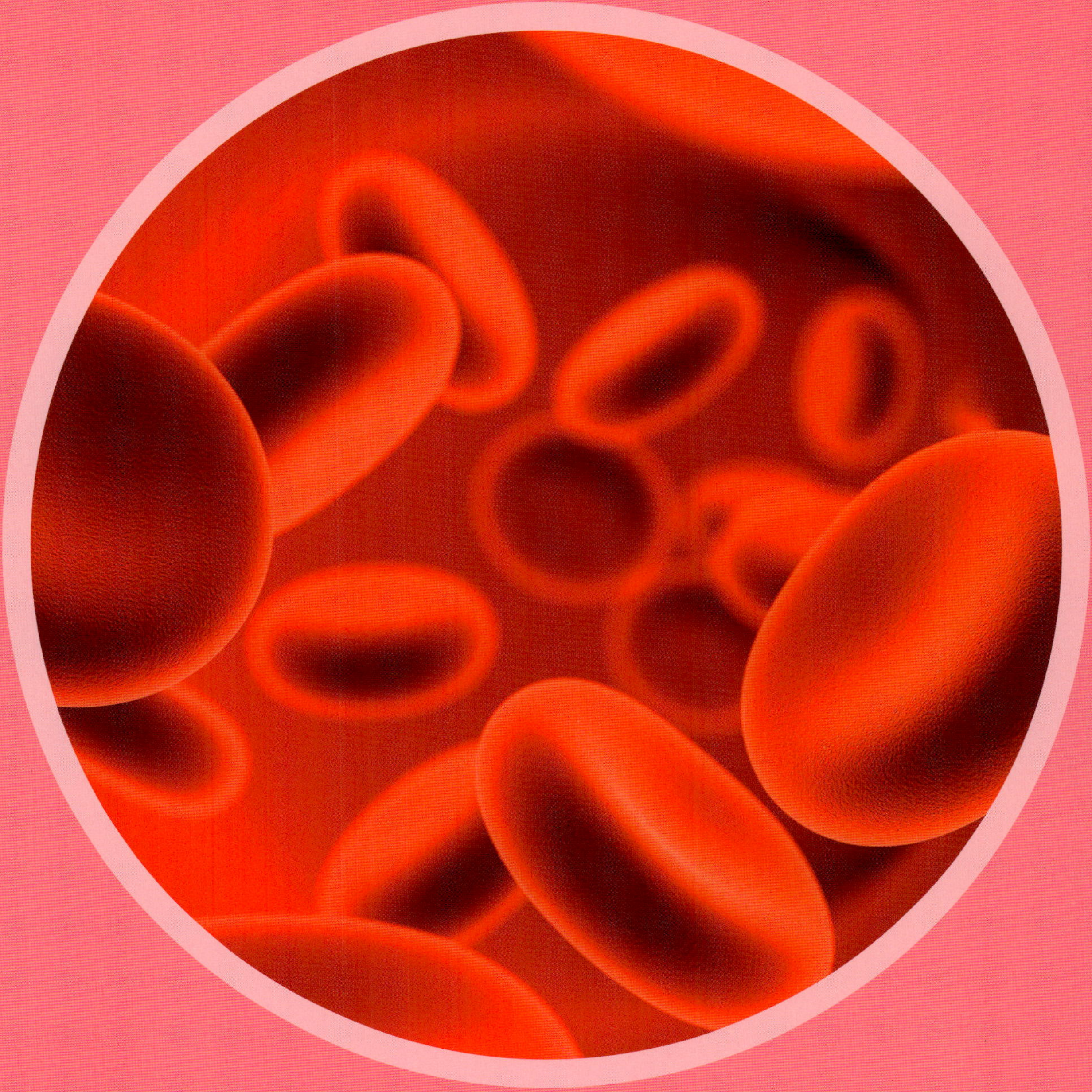

Mein Körper

Dein Körper besteht aus Zellen, Organen und Körpersystemen. Sie arbeiten zusammen und sorgen dafür, dass dein Körper funktioniert.

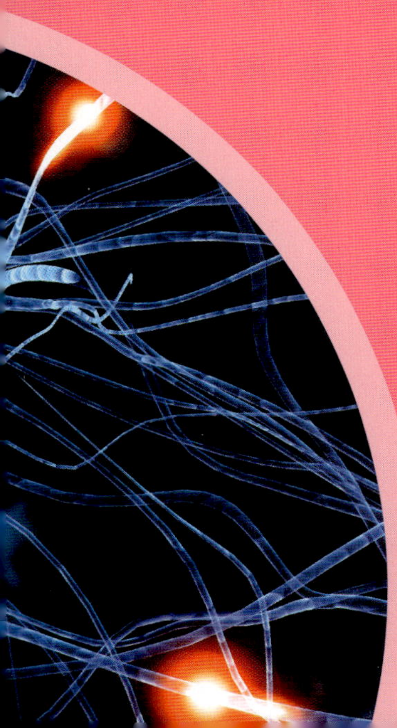

Zellen

Jede Zellart hat eine andere Form und Größe, je nach ihrer Aufgabe. Darmzellen sind zum Beispiel gefaltet. Sie nehmen Nährstoffe aus unserem Essen auf.

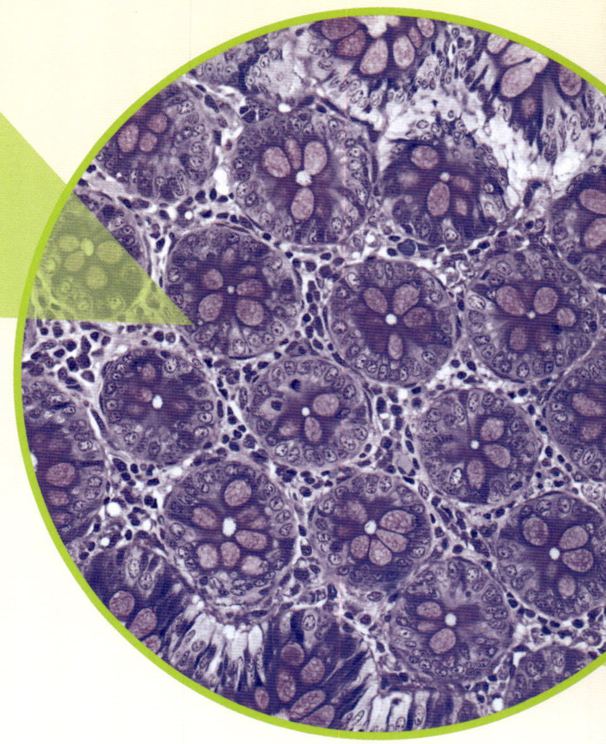

Gewebe

Zellen verbinden sich und bilden verschiedene Arten von Gewebe. Der Darm besteht aus vier Gewebearten. Sie enthalten Muskeln, die das Essen durch den Darm drücken.

Woraus besteht mein Körper?

Alle Körperteile und Organe bestehen aus winzigen Teilchen, den Zellen. Viele Zellen bilden zusammen ein Gewebe, mehrere Gewebe arbeiten als Organe zusammen und Organe vereinen sich zu Systemen. All dies sorgt dafür, dass unser Körper funktioniert.

Welche Aufgaben haben Zellen?

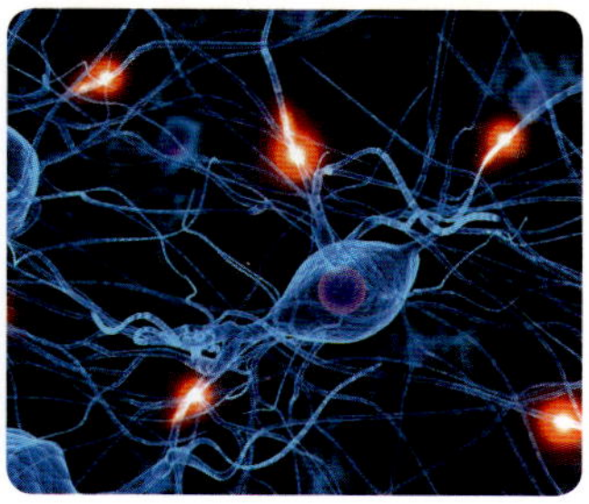

Signale weitergeben

Nervenzellen, wie du sie hier auf dem Bild siehst, sind weit verzweigt. Sie sind miteinander verbunden, um elektrische Signale aus dem Körper ans Gehirn zu senden.

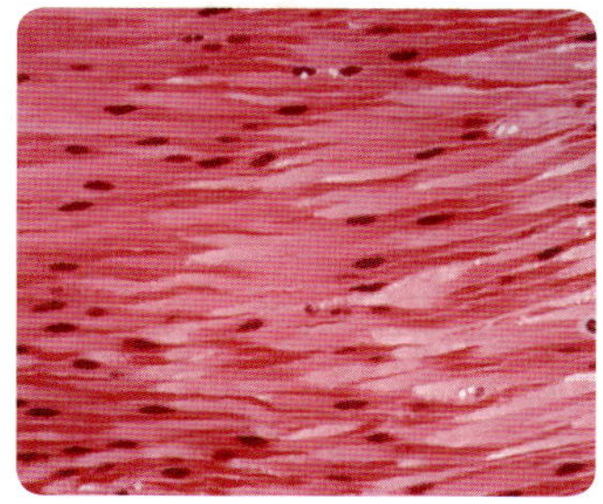

Dinge bewegen

Wenn du die Muskeln anspannst, ziehen sich die Muskelzellen zusammen und die Muskeln werden kürzer. Entspannst du sie, werden sie wieder länger. So bewegen Muskeln deine Körperteile wie Arme und Beine.

Aus Stammzellen entstehen Haut, Muskeln oder Blut, je nachdem, was dein Körper braucht.

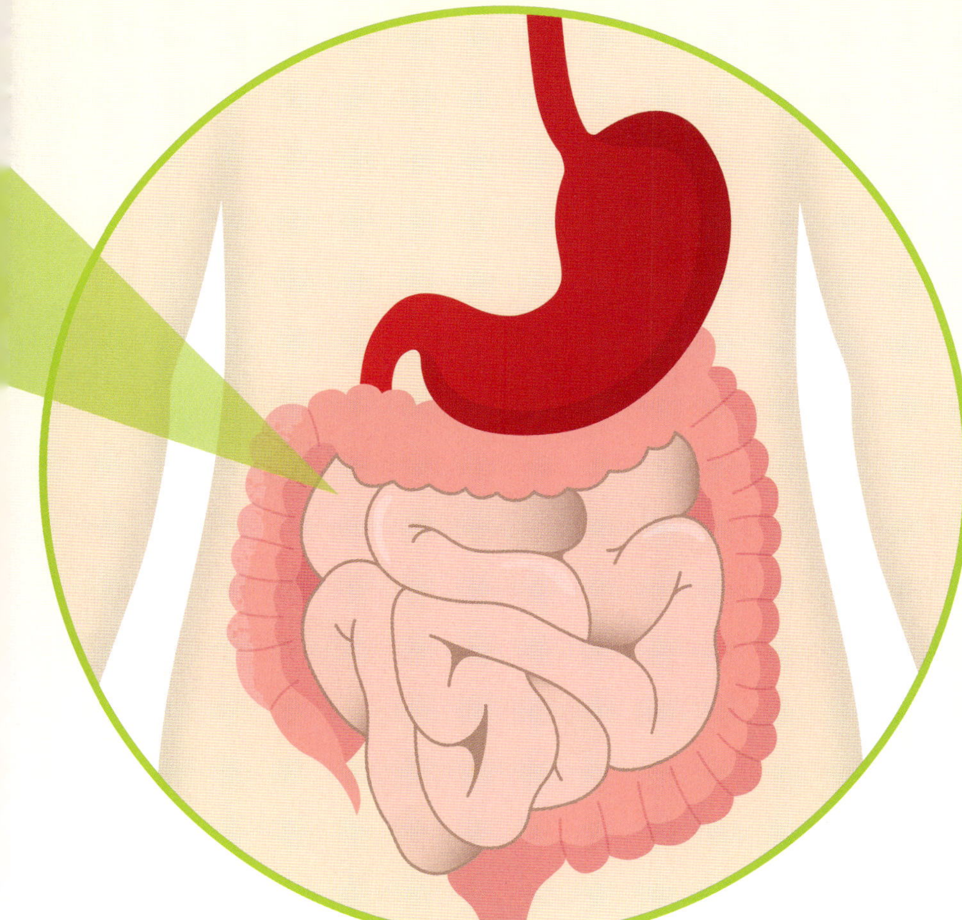

Organsysteme

Organe arbeiten in Gruppen zusammen, den Organsystemen. Der Darm ist Teil des Verdauungssystems. Es umfasst alle Organe, die unser Essen verarbeiten.

? Quiz

1. Welche Zellen sind gefaltet und nehmen Nährstoffe auf?
2. Welches Körpersystem verarbeitet Nahrung?
3. Wie werden Arme und Beine bewegt?

Die Antworten findest du auf S. 132–133.

Was macht die Haut?

Die Haut ist die wasserdichte Außenschicht des Körpers. Sie schützt unseren Körper vor Sonnenschein, hält Keime ab und sorgt für die richtige Temperatur. Die Haut ist das schwerste und größte Körperorgan.

Hautschichten

Unsere Haut besteht aus zwei Schichten. Die obere Schicht heißt Epidermis. Die Schicht darunter heißt Dermis. Aus ihr wachsen Haare. Unter den Hautschichten liegt Fett. Es dämpft den Aufprall, wenn du hinfällst oder den Schlag, wenn du dich stößt.

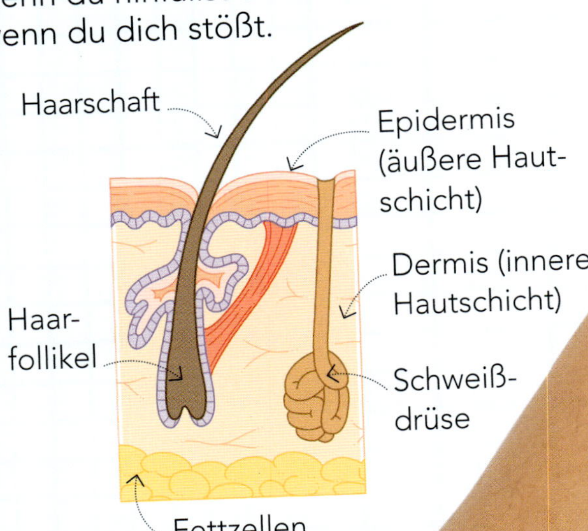

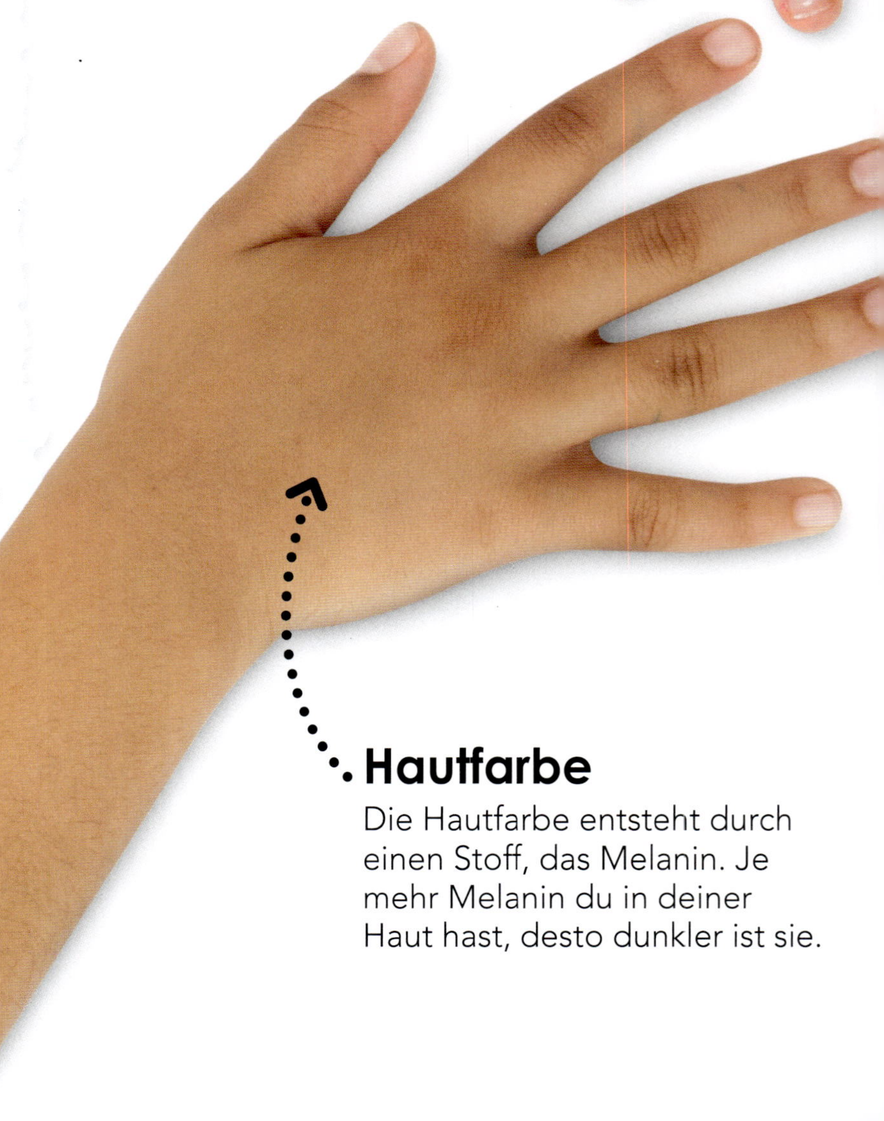

Hautfarbe

Die Hautfarbe entsteht durch einen Stoff, das Melanin. Je mehr Melanin du in deiner Haut hast, desto dunkler ist sie.

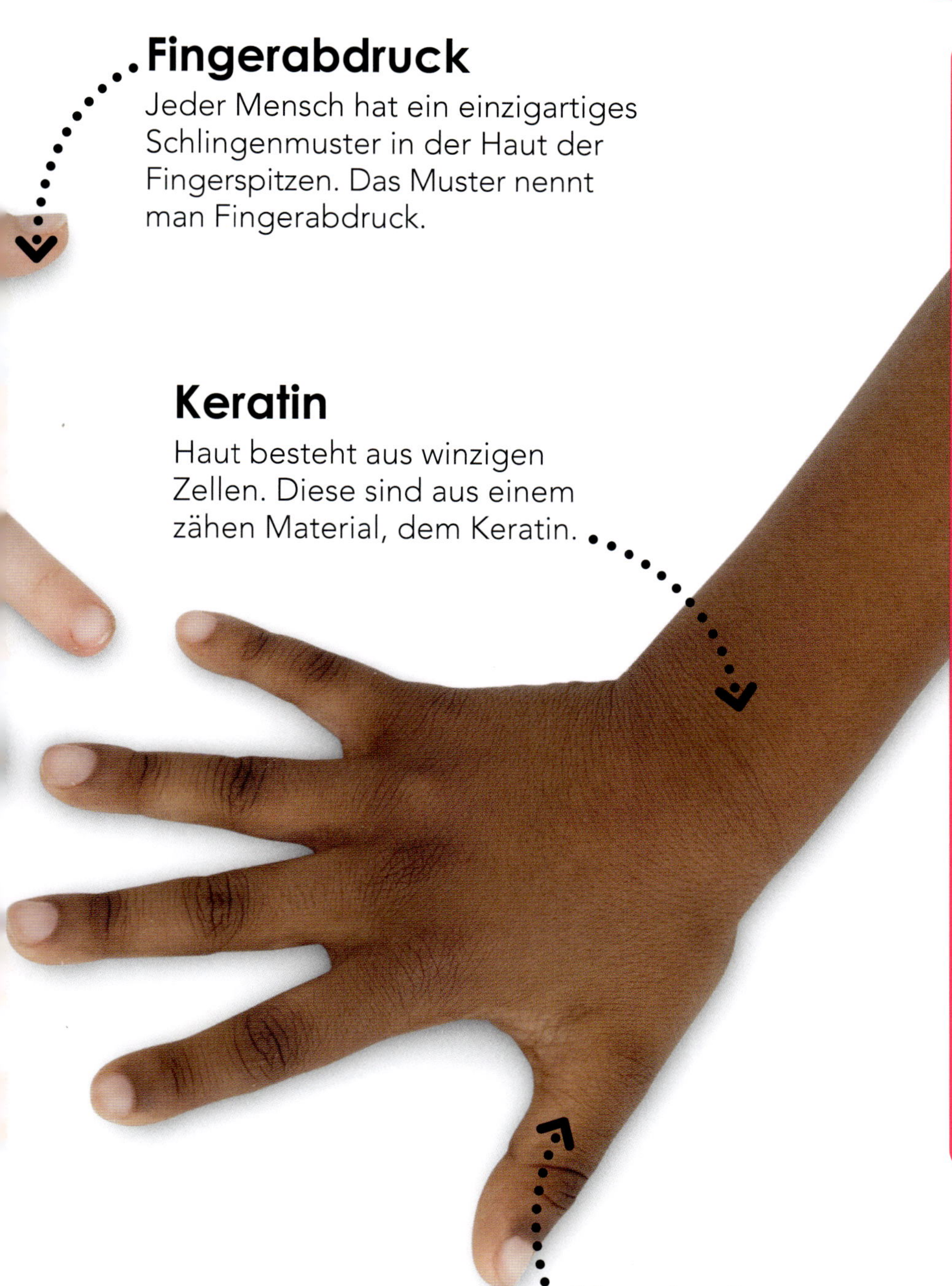

Fingerabdruck

Jeder Mensch hat ein einzigartiges Schlingenmuster in der Haut der Fingerspitzen. Das Muster nennt man Fingerabdruck.

Keratin

Haut besteht aus winzigen Zellen. Diese sind aus einem zähen Material, dem Keratin.

Hautarten

An manchen Körperteilen fühlt sich unsere Haut anders an als an anderen. Die Haut an unseren Händen ist zäher und dicker als die im Gesicht.

Über 10 Millionen tote Hautzellen fallen täglich vom Körper ab.

Wie schützt sich dein Körper noch?

Haare

Haare wachsen überall am Körper, außer an den Handinnenflächen, Fußsohlen und Lippen. Sie wärmen uns und schützen unsere Haut vor starken Sonnenstrahlen.

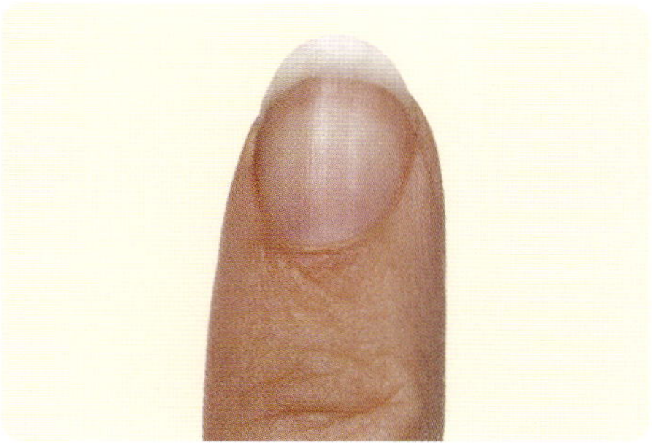

Nägel

Harte Nägel schützen unsere Finger- und Zehenspitzen. Sie helfen auch unseren Fingern, Dinge zu heben oder zu öffnen.

? Stimmt das?

1. Die dünnste Haut ist an den Augenlidern.
2. Haut ist wasserdicht.
3. Menschen haben alle die gleichen Fingerabdrücke.

Die Antworten findest du auf S. 132–133.

Wozu haben wir Knochen?

Im Körper eines Menschen bilden etwa 206 Knochen das Skelett. Manche Knochen, wie die Beinknochen, bewegen sich, wenn wir gehen. Andere Teile des Skeletts schützen unsere inneren Organe und stützen unseren Körper.

Aufbau

Unter der äußeren festen Knochenschicht liegt ein schwammartiges Gewebe, das Knochenmark enthält. Hier entstehen die Blutzellen für den Körper.

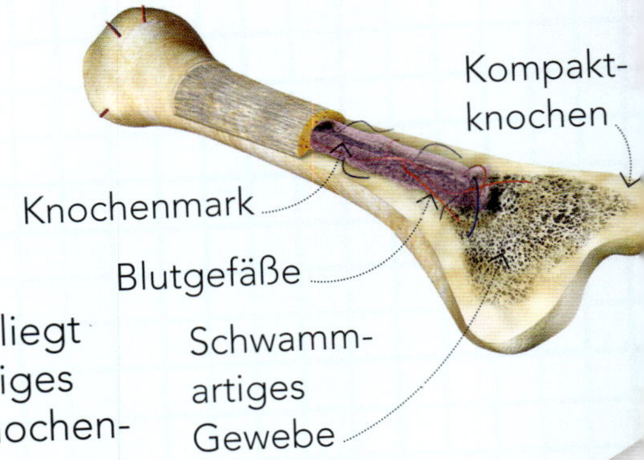

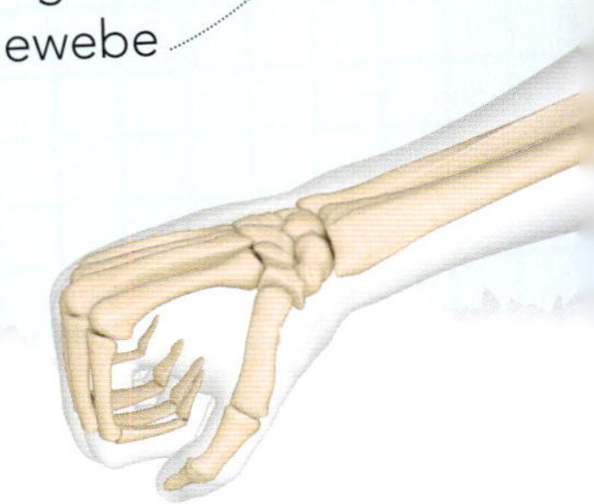

Becken

Das Becken ist ein Kreis aus Knochen, der die Hüftknochen umschließt und die Organe im unteren Oberkörper schützt.

Oberschenkelknochen

Dies ist unser stärkster, schwerster und längster Knochen. Dank dem kugelförmigen oberen Ende ist das Bein an der Hüfte drehbar.

Wie können wir Knochen sehen?

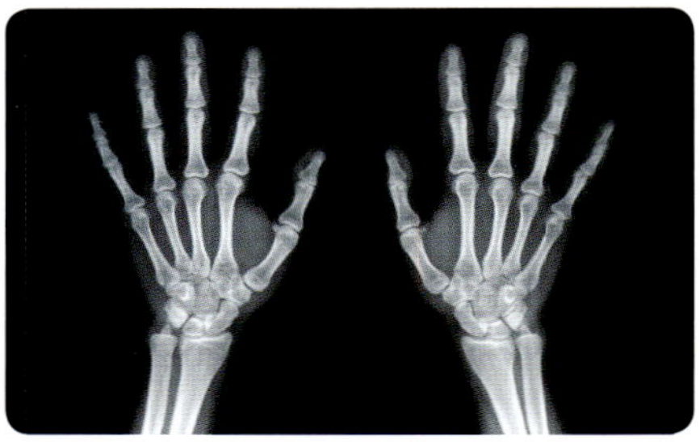

Röntgenstrahlen
Ärzte können Energiewellen, sogenannte Röntgenstrahlen, durch unseren Körper senden. Sie prallen von den Knochen ab. So entstehen Röntgenbilder.

Gewebe

Unter der äußeren Knochenschicht liegt ein schwammartiges Gewebe. Es hat viele kleine Löcher, die den Knochen leichter machen.

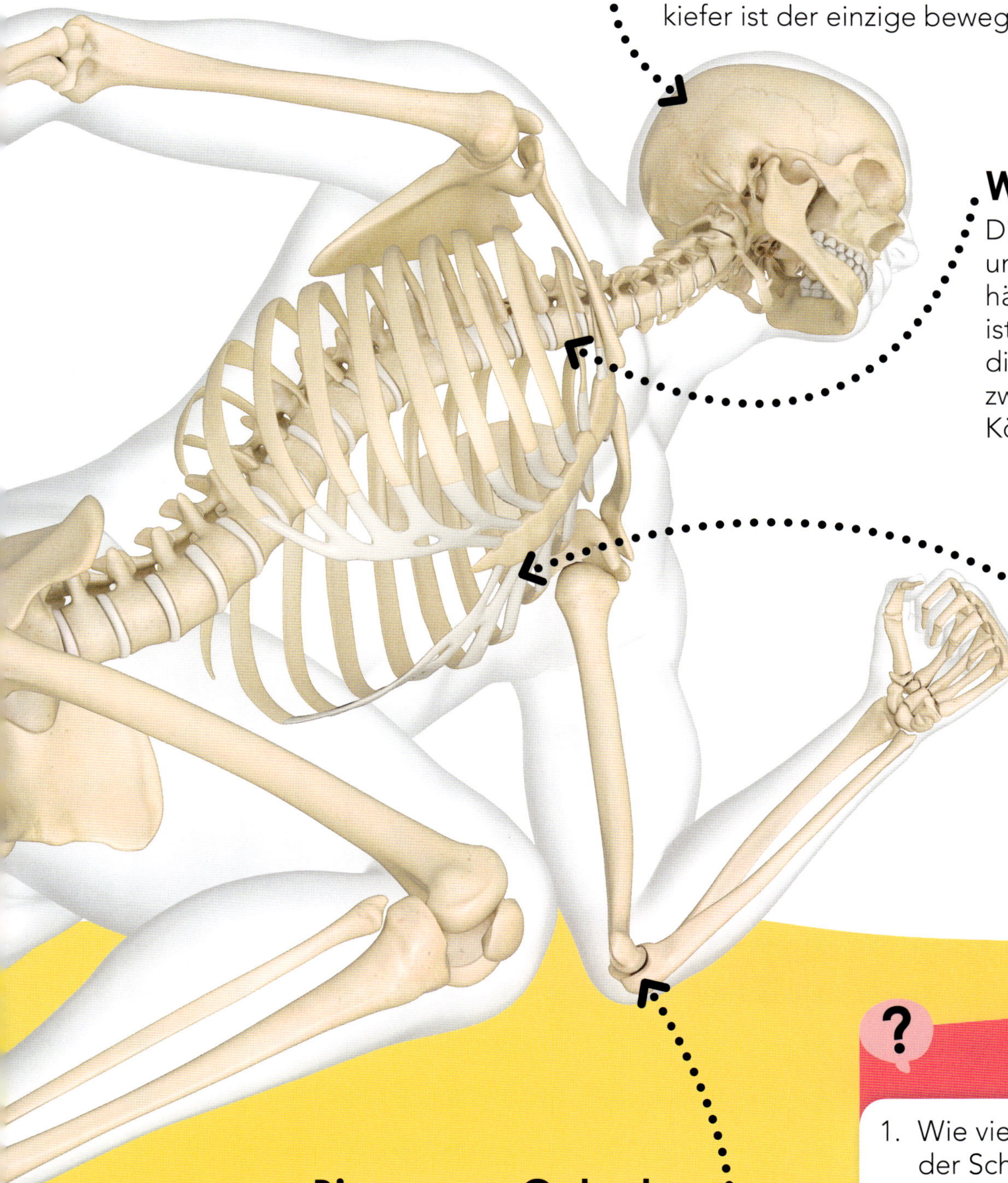

Schädel

Der Schädel enthält 22 miteinander verbundene Knochen, die das Gehirn schützen. Der Unterkiefer ist der einzige bewegliche Knochen.

Wirbelsäule

Die Wirbelsäule stützt unseren Körper. Sie hält uns aufrecht. Sie ist biegsam und schützt die Nerven, die Signale zwischen Gehirn und Körper übermitteln.

Brustkorb

Die Rippen des Brustkorbs schützen Lunge und Herz. Sie sind beweglich, damit sich die Lunge beim Atmen mit Luft füllen kann.

Biegsame Gelenke

Knochen sind durch die Gelenke miteinander verbunden. Dadurch können wir Teile unseres Körpers drehen oder beugen.

? Quiz

1. Wie viele Knochen enthält der Schädel?
2. Was befindet sich ganz im Inneren eines Knochens?
3. Welcher ist der stärkste und schwerste Knochen?

Die Antworten findest du auf S. 132–133.

Wozu haben wir Muskeln?

Muskeln sorgen dafür, dass wir uns bewegen können. Dazu arbeiten sie zusammen. Das funktioniert so: Ein Muskel zieht ein Körperteil in die eine Richtung, ein anderer Muskel in die andere. Muskeln arbeiten in Gruppen zusammen, damit wir uns in alle Richtungen bewegen können.

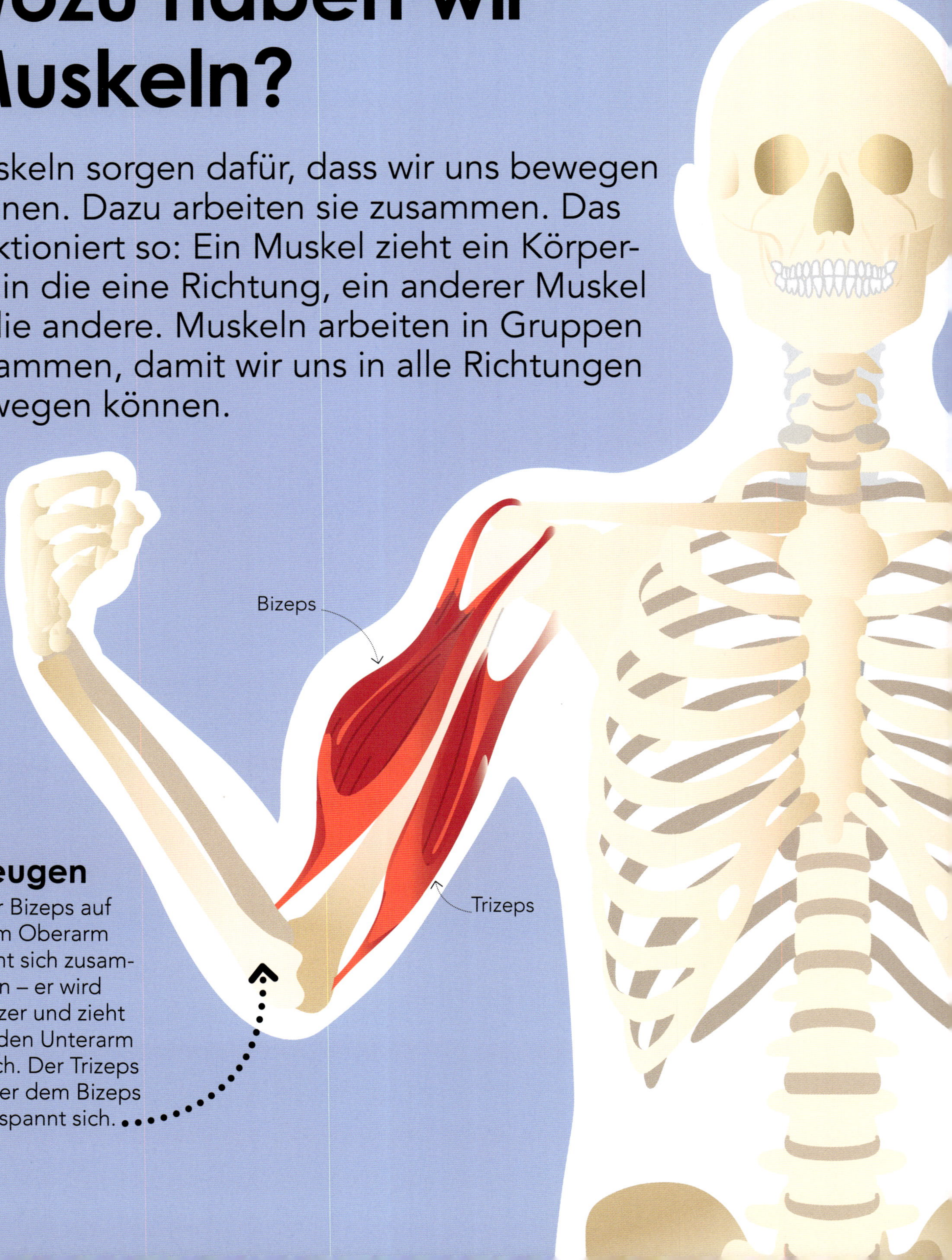

Beugen

Der Bizeps auf dem Oberarm zieht sich zusammen – er wird kürzer und zieht so den Unterarm hoch. Der Trizeps unter dem Bizeps entspannt sich.

Wieso ist es gut, wenn wir Sport treiben?

Stärkere Muskeln

Durch Training bildet der Körper neue Muskelfasern. Je mehr wir unsere Muskeln benutzen, desto größer und stärker werden sie.

Länger und stärker

Wenn wir regelmäßig Sport treiben, werden wir immer fitter und sind beim Rennen weniger schnell aus der Puste. Herz- und Atemmuskeln werden stärker, je mehr wir sie benutzen.

? Stimmt das?

1. Der größte Muskel unseres Körpers ist der Po.
2. Du benutzt 300 Muskeln, nur um aufzustehen ohne umzufallen.
3. Muskeln können drücken oder ziehen.

Die Antworten findest du auf S. 132–133.

Zusammenarbeit

Muskeln bewegen zusammen mit den Gelenken den Körper. Sie sind mit den Knochen durch Gewebe verbunden, den Sehnen.

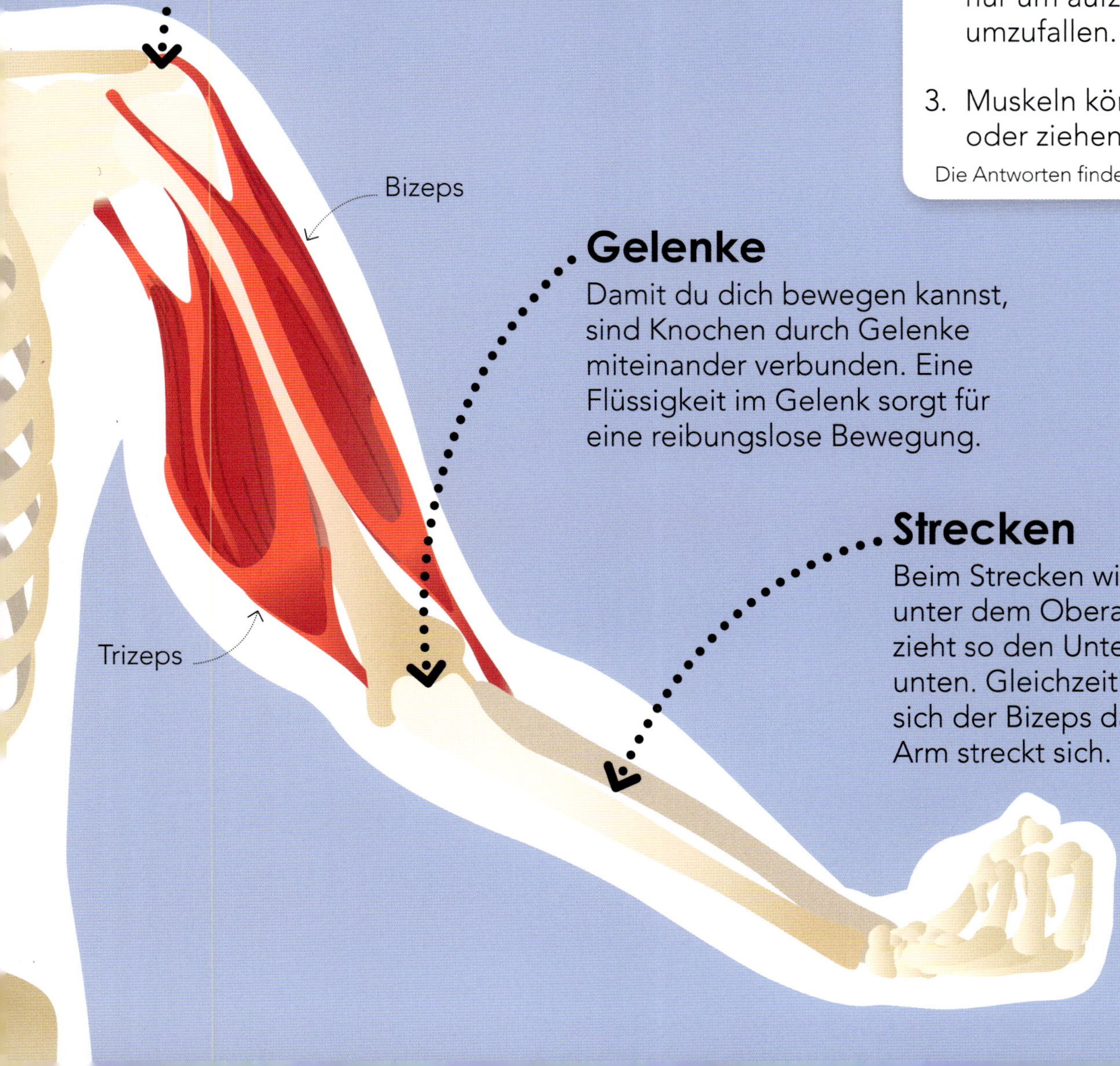

Gelenke

Damit du dich bewegen kannst, sind Knochen durch Gelenke miteinander verbunden. Eine Flüssigkeit im Gelenk sorgt für eine reibungslose Bewegung.

Strecken

Beim Strecken wird der Trizeps unter dem Oberarm kürzer und zieht so den Unterarm nach unten. Gleichzeitig entspannt sich der Bizeps darüber – der Arm streckt sich.

Wie atme ich?

Wenn wir einatmen, ziehen Muskeln Luft in unsere Lunge. Durch Nase und Mund gelangt die Luft in den Körper und durch die Luftröhre in die Lunge. Beim Ausatmen stoßen wir die Luft wieder aus.

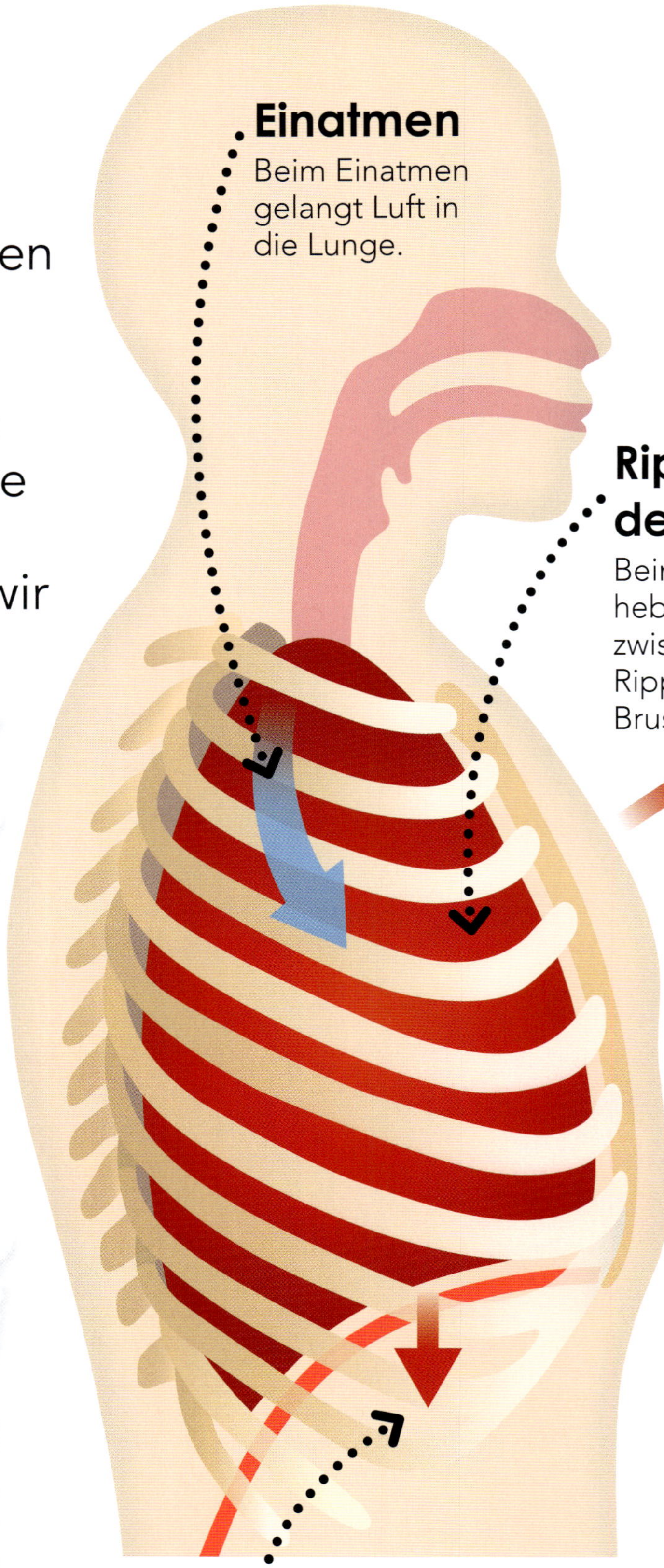

Einatmen

Beim Einatmen gelangt Luft in die Lunge.

Rippen dehnen sich

Beim Einatmen heben Muskeln zwischen den Rippen den Brustkorb an.

Zwerchfell senkt sich

Das Zwerchfell, eine Muskelscheidewand, senkt sich. Damit hat die Lunge Platz sich aufzublasen.

Das Innere unserer Lunge

Lungenflügel sind schwammartige Säcke voller Röhrchen. Die feinen Verzweigungen heißen Bronchien. Sie enden in Luftsäckchen, den Alveolen.

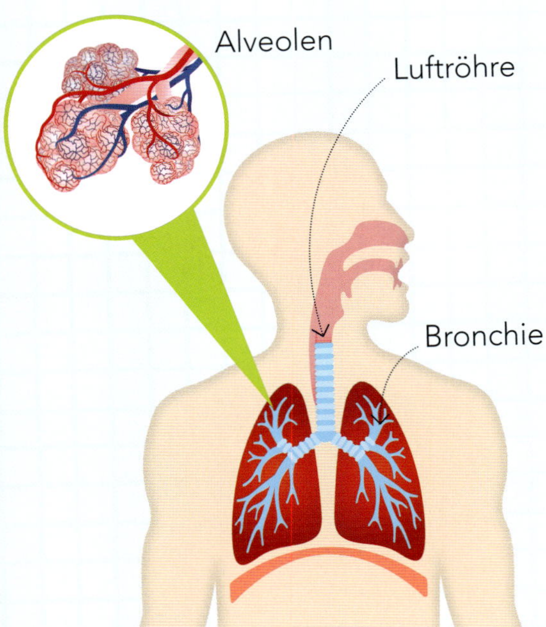

Inneres der Lunge

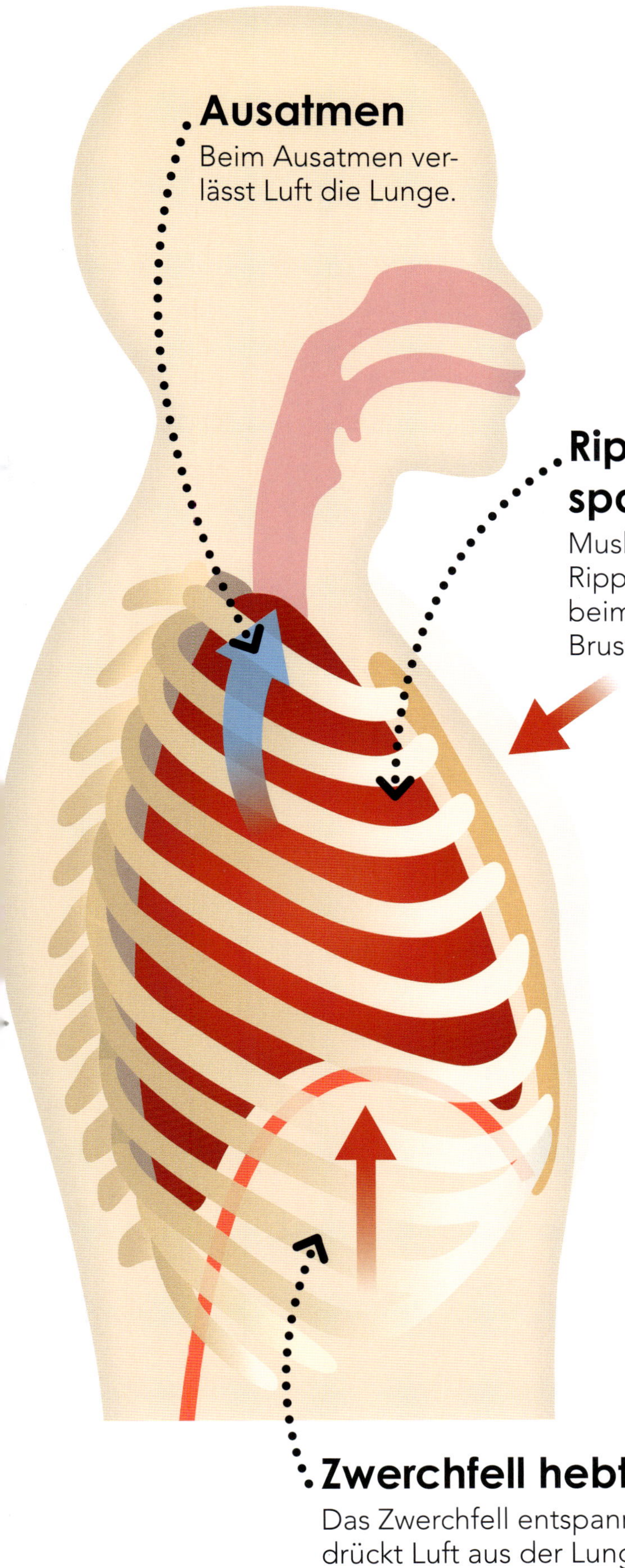

Wie atmen Tiere unter Wasser?

Blaslöcher

Wale und Delfine halten unter Wasser die Luft an. Zum Luftholen schwimmen sie an die Wasseroberfläche, wo sie durch ein „Blasloch" auf dem Kopf aus- und einatmen.

Kiemen

Fische wie Haie saugen Wasser ins Maul und drücken es durch Organe an den Seiten ihres Kopfes, die Kiemen. Sie entziehen so dem Wasser den nötigen Sauerstoff.

? Quiz

1. Woher kommt der Sauerstoff, den wir benötigen?
2. Wie heißen die Atmungsorgane der Fische?
3. Wodurch gelangt Luft in unsere Lunge?

Die Antworten findest du auf S. 132–133.

Wie fließt das Blut im Körper?

Das Herz ist ein etwa faustgroßer Muskel, der wie eine Pumpe arbeitet. Rund 80 Mal pro Minute wird Blut ins Herz hinein- und hinausgepumpt und so durch den Körper bewegt. Hört das Herz zu pumpen auf, funktioniert der Körper nicht mehr.

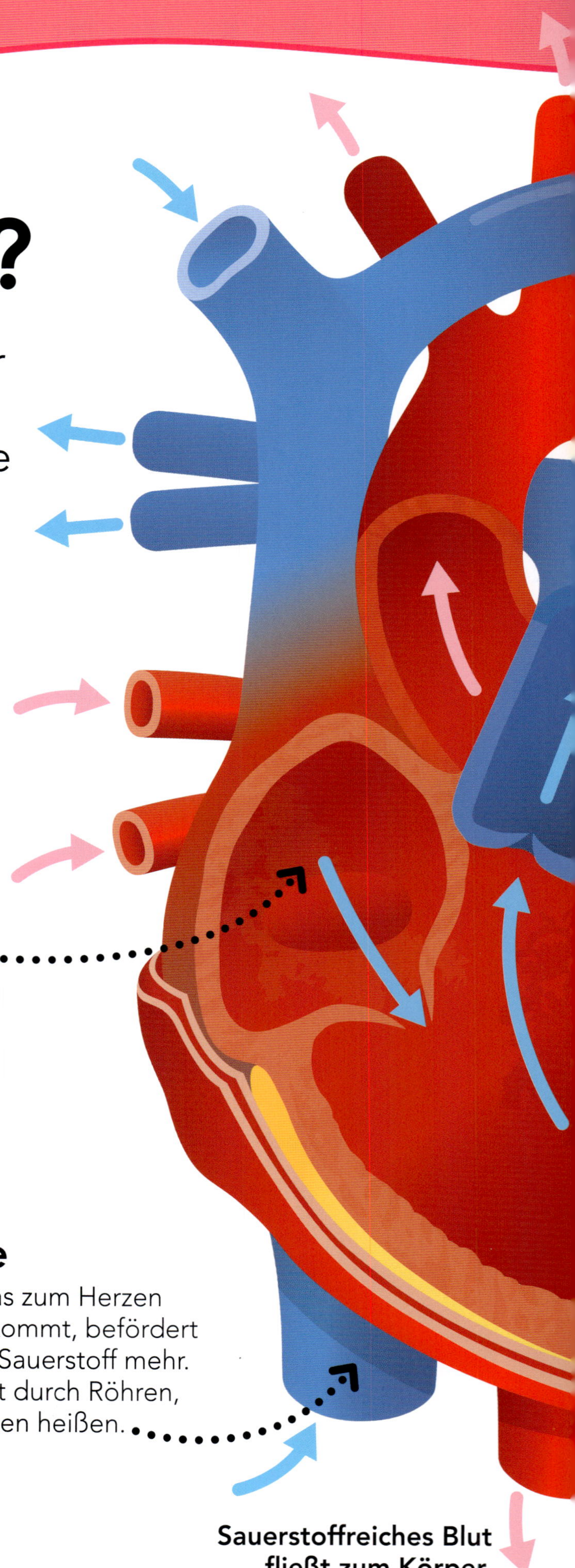

Blutstrom

Blut bewegt sich im Körper in einem Kreislauf. Es fließt vom Herzen zur Lunge, um Sauerstoff aufzunehmen, den es im Körper verteilt, bevor es zum Herzen zurückfließt.

Vene

Blut, das zum Herzen zurückkommt, befördert keinen Sauerstoff mehr. Es fließt durch Röhren, die Venen heißen.

Wozu brauchen wir Blut?

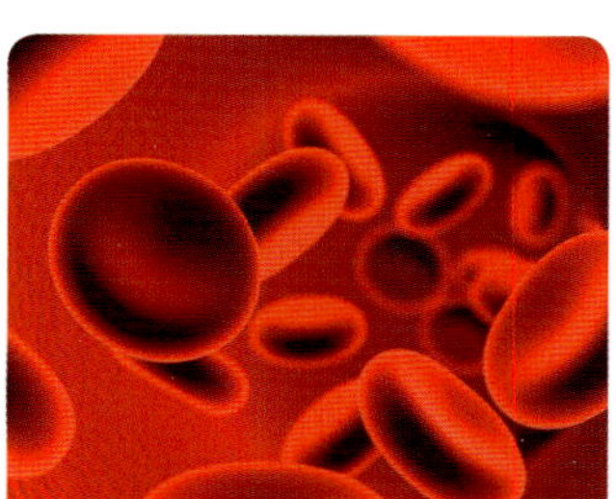

Gase befördern

Rote Blutkörperchen befördern neben Sauerstoff auch ein Abfallgas namens Kohlendioxid durch den Körper.

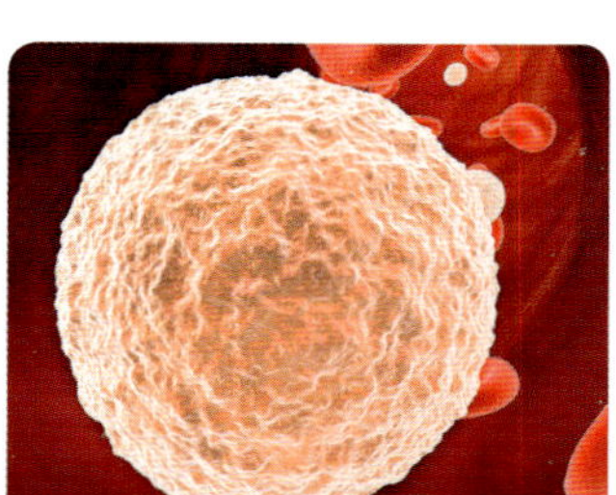

Keime bekämpfen

Weiße Blutkörperchen töten Keime, indem sie sie mit chemischen Stoffen zerstören oder ihre Form ändern und sie schlucken.

In nur 20 Sekunden fließt Blut durch den ganzen Körper.

Sauerstoffarmes Blut fließt zur Lunge.

Arterie

Blut, das vom Herzen über die Lunge zum restlichen Körper gepumpt wird, befördert Sauerstoff durch die Arterien.

Klappe

Türchen im Herzen, Klappen genannt, lassen das Blut nur in eine bestimmte Richtung fließen.

Herzmuskel

Das Herz besteht aus Herzmuskelgewebe, das im Körper nur dort zu finden ist.

Legende

mit Sauerstoff

ohne Sauerstoff

Blutkreislauf

Das Herz und die Röhren, die dem Körper Blut liefern, bilden zusammen den Blutkreislauf. Blut befördert Wasser, Gase, Zucker und Wärme.

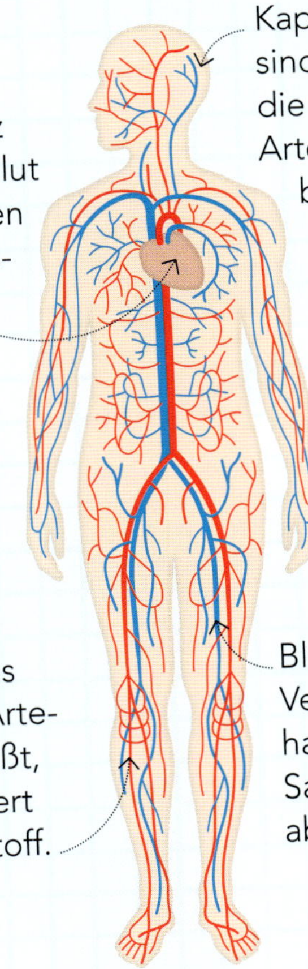

Stimmt das?

1. Es gibt weiße und rote Blutkörperchen.
2. Blutzellen entstehen in der Lunge.
3. Blut, das durch die Lunge fließt, enthält keinen Sauerstoff.

Die Antworten findest du auf S. 132–133.

Was passiert mit meinem Essen?

Dein Essen wandert nach dem Schlucken 1 bis 3 Tage durch den Körper. Erst läuft es durch eine Röhre in der Kehle, die Speiseröhre, und gelangt in den Magen, wo Säure es zersetzt. Es wandert durch den Darm und wird am Ende als fester Nahrungsabfall ausgeschieden.

Mund
Zunächst zerkleinern wir das Essen, indem wir es mit den Zähnen kauen, mit der Zunge herumbewegen und mit Speichel vermischen.

Speiseröhre
Wenn wir schlucken, wandert das Essen durch eine Röhre, Speiseröhre genannt, in unseren Magen hinunter.

Magen
Der Magen ist ein weicher Sack, der das Essen mit den chemischen Stoffen der Magensäure in winzige Stückchen zerlegt. Er vermischt alles zu einer breiigen Flüssigkeit.

? Quiz

1. Womit zersetzt der Magen unser Essen?
2. Welche Nahrung brauchen wir, damit unser Körper Energie hat?
3. Wie lange dauert es, bis unser Essen durch den Körper gewandert ist?

Die Antworten findest du auf S. 132–133.

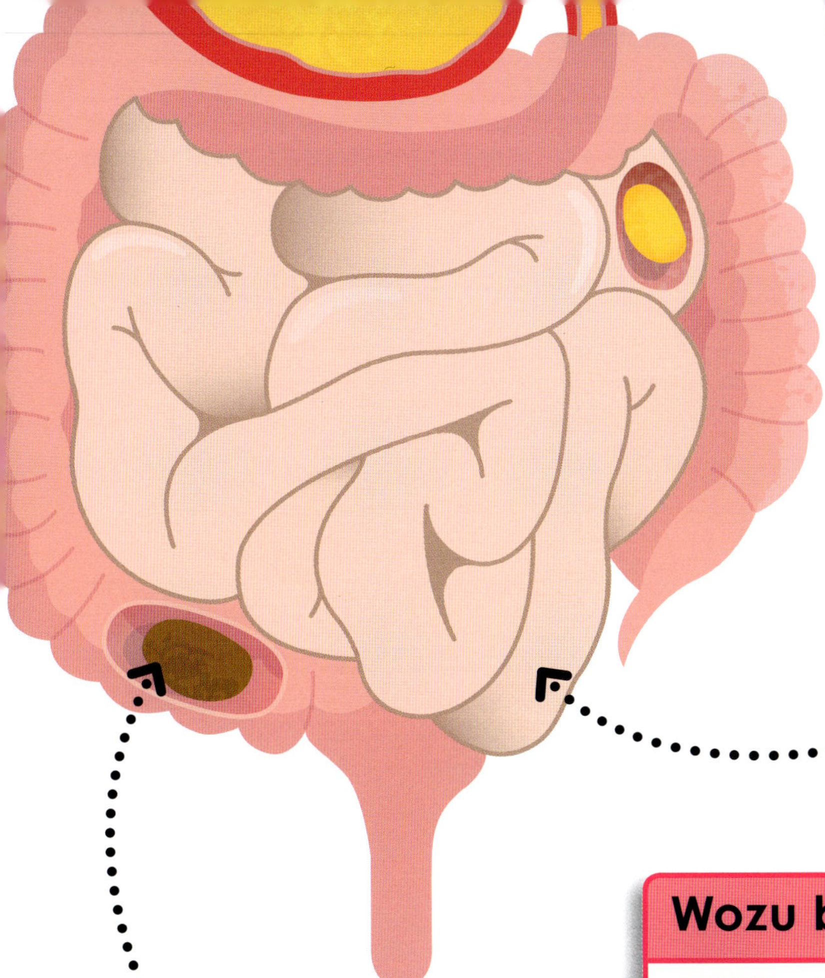

Dünndarm

Das flüssige Essen wandert durch den Dünndarm. Nährstoffe gelangen durch die Wände des Dünndarms ins Blut.

Dickdarm

Nahrungsabfall, den wir nicht benötigen, geht in den Dickdarm. Er bleibt dort, bis wir ihn als Kot ausscheiden.

Das Innere des Dünndarms

Die Wände des Dünndarms sind gefaltet wie eine Ziehharmonika. So ist die Fläche, die Nahrung aufnehmen kann, größer. Die haarartigen Zotten nehmen nützliche Inhaltsstoffe auf und geben sie ans Blut ab.

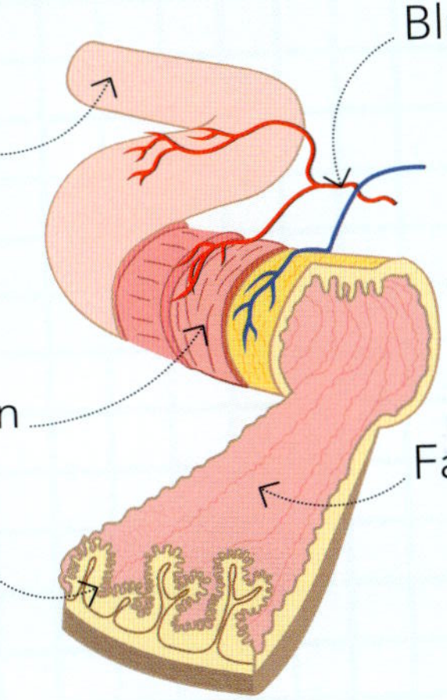

Querschnitt des Dünndarms

Wozu braucht unser Körper Essen?

Proteine

Proteine sind in Fleisch, Fisch, Bohnen, Nüssen und Eiern. Sie lassen den Körper wachsen und reparieren ihn.

Kohlehydrate

Kohlehydrate sind in Nudeln, Kartoffeln, Reis und Brot. Sie geben dem Körper die nötige Energie.

Obst und Gemüse

In Obst und Gemüse sind Fasern, die bei der Verdauung von Nahrung helfen. Ihre Vitamine und Mineralien halten unseren Körper gesund.

Was macht unser Gehirn?

Das Gehirn ist das Kontrollzentrum in unserem Körper. Es ist mit den Sinnen durch ein Netzwerk winziger Bahnen verbunden, den Nerven. Über sie laufen auch Signale, etwa für Hunger und Durst. Wenn wir uns bewegen, atmen oder denken, arbeitet unser Gehirn.

Wie sagt das Gehirn dem Körper, was er tun soll?

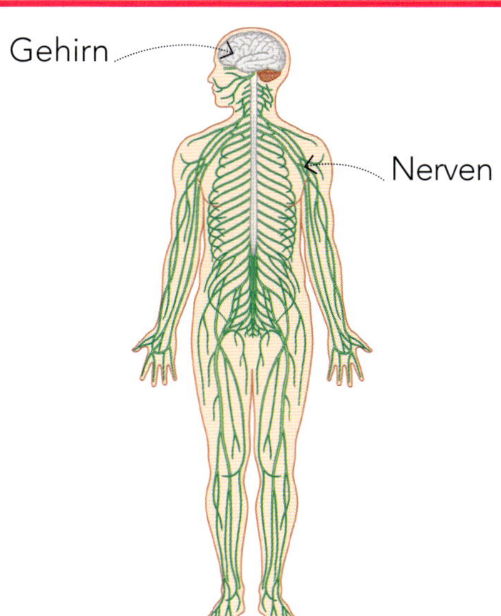

Zentralnervensystem
Ein Netz von Nervenzellen befördert Botschaften zwischen den verschiedenen Körperteilen und dem Gehirn hin und her.

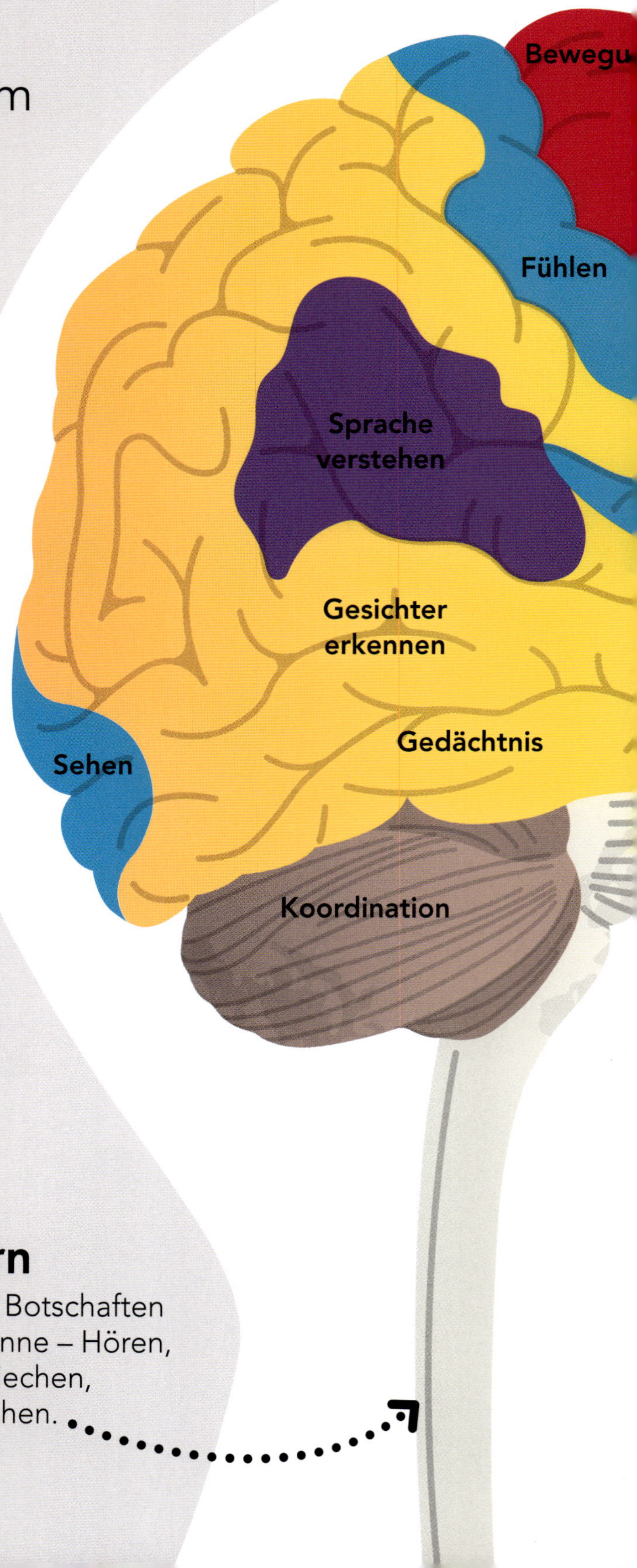

Stammhirn
Es übermittelt Botschaften unserer fünf Sinne – Hören, Schmecken, Riechen, Fühlen und Sehen.

Verschiedene Aufgaben

Die einzelnen Bereiche des Gehirns sind für unterschiedliche Aufgaben zuständig. Sie schicken Botschaften an die jeweiligen Teile des Körpers.

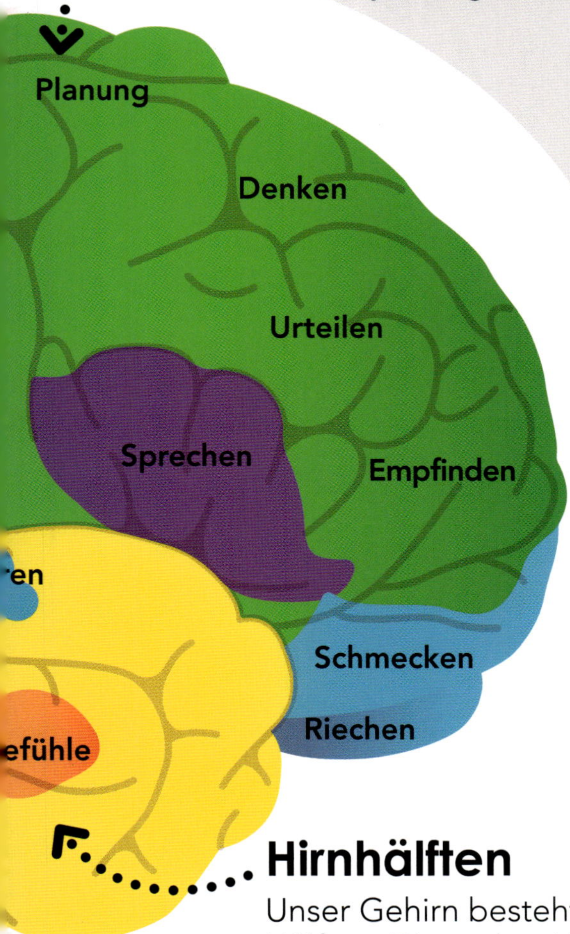

Hirnhälften

Unser Gehirn besteht aus zwei Hälften. Die rechte Hirnhälfte steuert die linke Körperseite, die linke Hirnhälfte steuert die rechte.

Legende

- Sinne
- Gedanken
- Sprache
- Bewegung
- Wahrnehmung
- Gefühle
- Koordination

Nervenzellen

Gedanken laufen als elektrische Botschaften über die Dendriten zum Nervenende. Chemische Stoffe geben sie an den nächsten Nerv weiter.

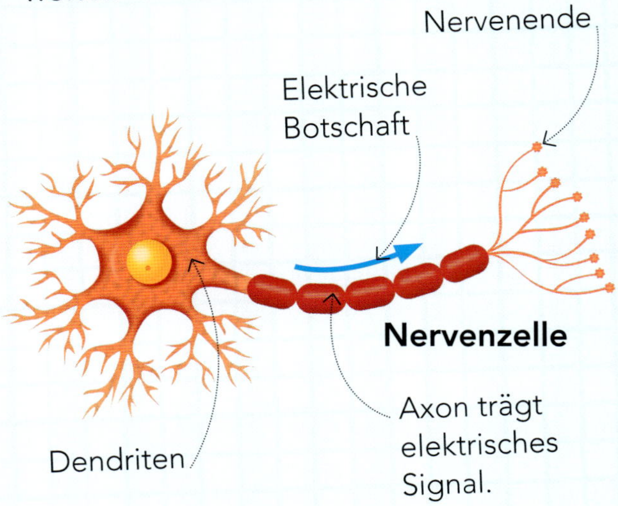

? Quiz

1. Wie viele Sinne hat der Mensch?
2. Wie viele Hälften hat das Gehirn?
3. Wie heißt das Netz von Nervenzellen, das Botschaften durch unseren Körper schickt?

Die Antworten findest du auf S. 132–133.

Wie heilen Wunden?

Wenn du dich schneidest, dann blutest du. Aber das ist sogar gut, denn das Blut repariert den Schaden. Es verklumpt und wird fest – es gerinnt. Oben auf diesem Gerinnsel bildet sich eine harte Kruste, unter der neue Hautzellen entstehen. Ist die Wunde verheilt, fällt die Kruste ab.

Unsere oberste Hautschicht wird jeden Monat komplett erneuert.

Schnitte und Kratzer

Schneidest du dich, tritt Blut aus und gerinnt. Ein Gerinnsel ist festes Blut, das die Wunde versiegelt. Drei Arten von Blutzellen heilen zusammen deine Verletzung.

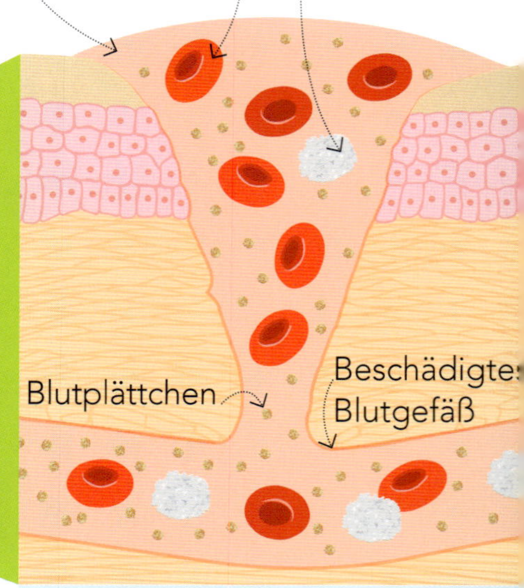

Wunde

Schneidest du beim Basteln mit der Schere aus Versehen durch deine oberste Haut-schicht in ein Blutgefäß, tritt Blut aus. Weiße Blutkör-perchen bekämpfen Keime mit Hilfe von chemischen Stoffen und verschlingen sie.

Wie heilen Knochenbrüche?

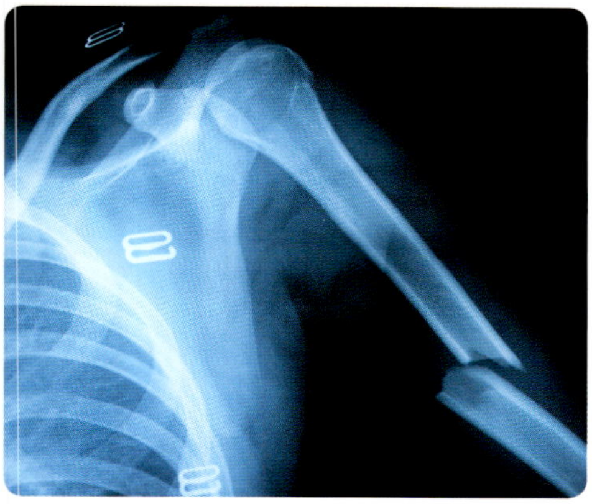

Ruhigstellen

Bricht ein Knochen, kann er sich selbst heilen, wenn er ruhiggestellt wird. Blut füllt die Lücke mit einem Gerinnsel, aus dem Blutgewebe wird, Knorpel genannt. Schließlich wird von den Körperzellen neuer Knochen erzeugt.

? Quiz

1. Wie oft wird die oberste Hautschicht erneuert?
2. Was bildet sich oben auf einer Wunde?
3. Was machen weiße Blutkörperchen bei Wunden?

Die Antworten findest du auf S. 132–133.

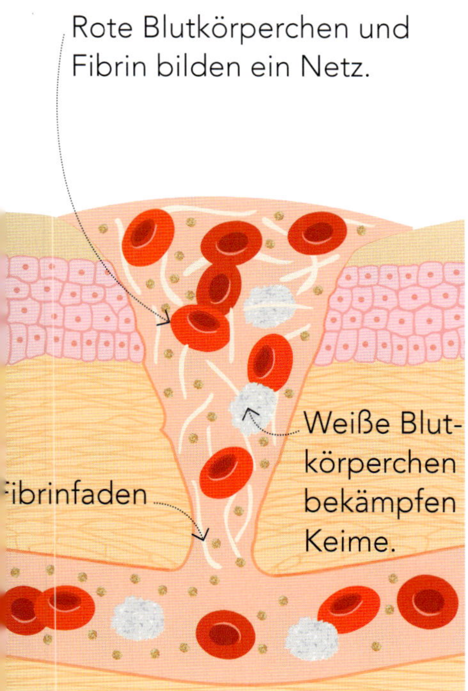

Verschließen

Blutplättchen ändern die Form und bilden Fäden, Fibrin genannt. Sie wirken wie ein Netz, das rote Blutkörperchen einfängt und zusammenzieht.

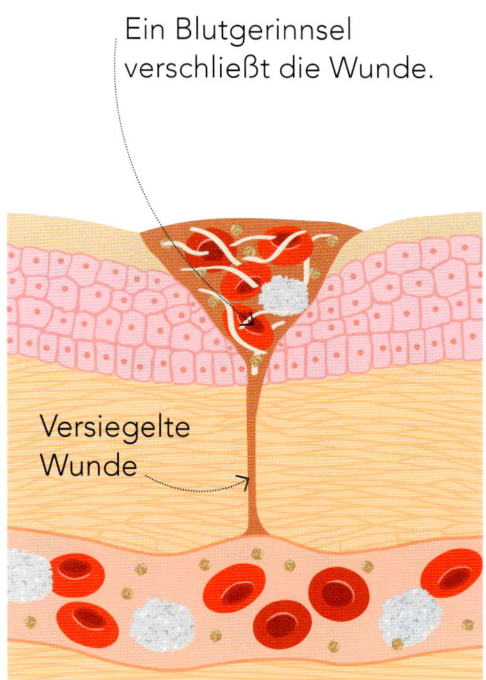

Gerinnsel

Sind genügend rote Blutkörperchen im Fibrinnetz gefangen, bilden sie ein Gerinnsel. In wenigen Minuten wird aus flüssigem Blut festes Blut.

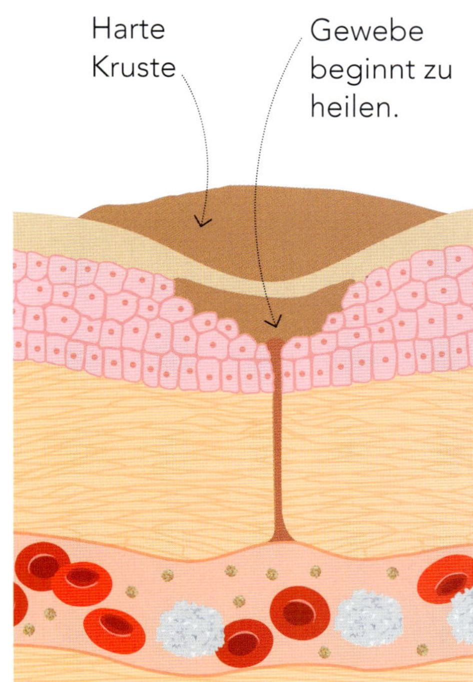

Geheilte Haut

Oben auf dem Gerinnsel entsteht eine harte Kruste. Unter dem Gerinnsel bilden sich neue Hautzellen. Nach ein paar Tagen fällt die Kruste von der neuen Haut ab.

Wie bekämpft mein Körper Krankheiten?

Keime dringen in unseren Körper ein und machen uns krank. Der Körper hat aber ein Schutzsystem, mit dem er verhindert, dass Keime hineingelangen, und das die bekämpft, die es trotzdem schaffen.

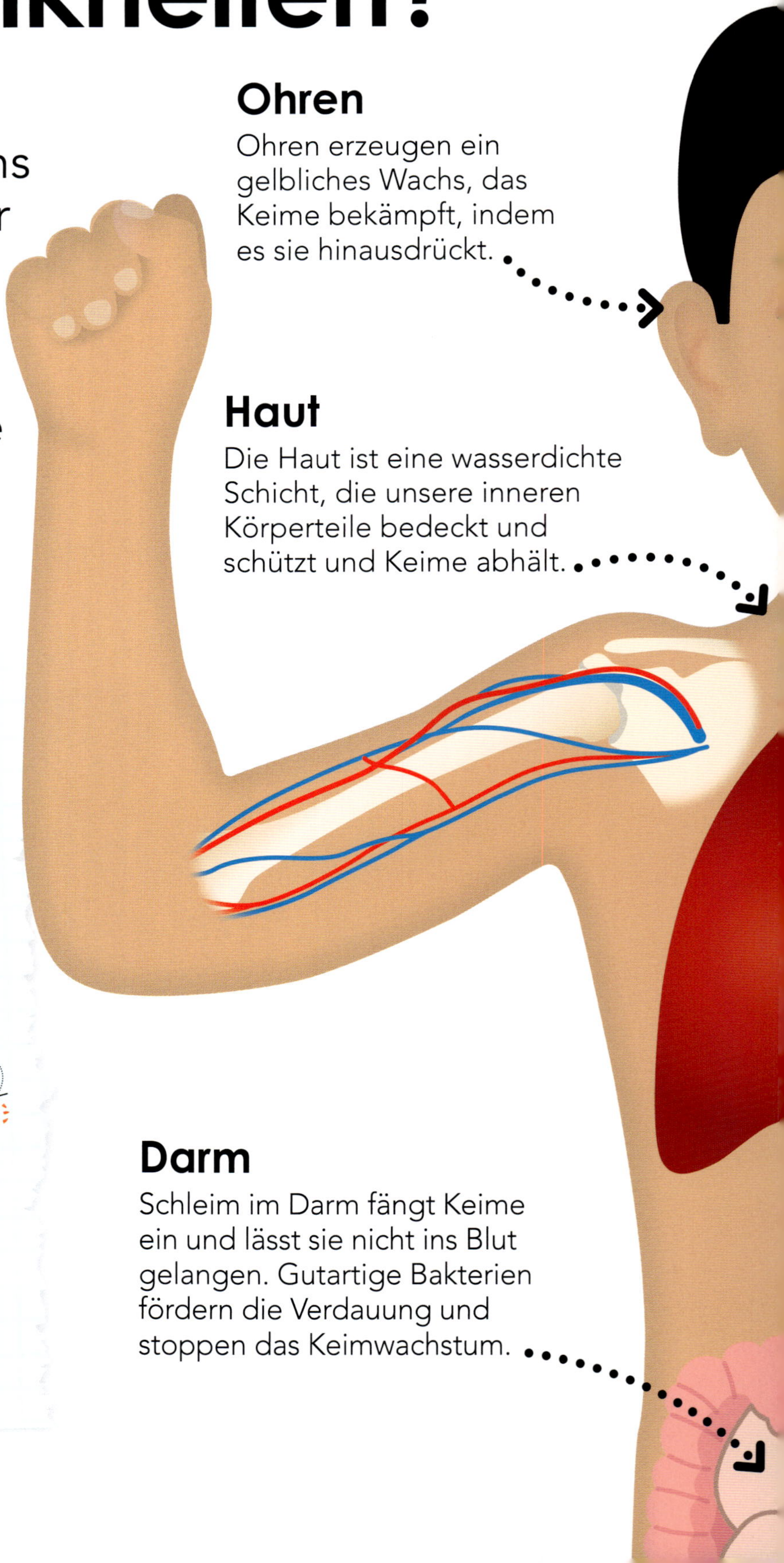

Ohren

Ohren erzeugen ein gelbliches Wachs, das Keime bekämpft, indem es sie hinausdrückt.

Haut

Die Haut ist eine wasserdichte Schicht, die unsere inneren Körperteile bedeckt und schützt und Keime abhält.

Darm

Schleim im Darm fängt Keime ein und lässt sie nicht ins Blut gelangen. Gutartige Bakterien fördern die Verdauung und stoppen das Keimwachstum.

Weiße Blutkörperchen

Weiße Blutkörperchen töten Keime im Körper ab. Sie wandern durchs Blut. Wenn sie Eindringlinge finden, bekämpfen sie sie mit chemischen Stoffen oder verschlingen sie.

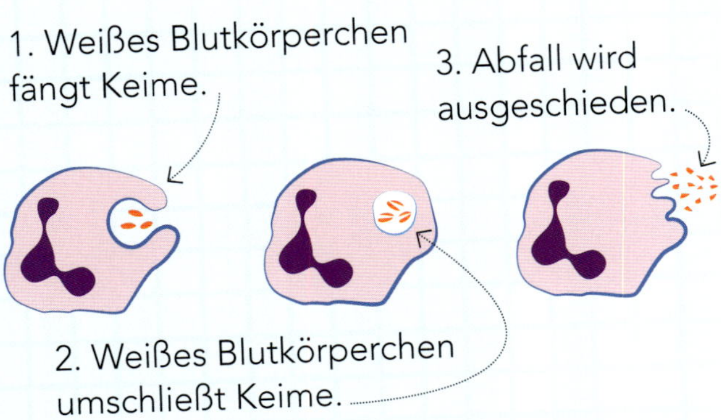

Manche weiße Blutzellen umschließen Keime und vernichten sie dann.

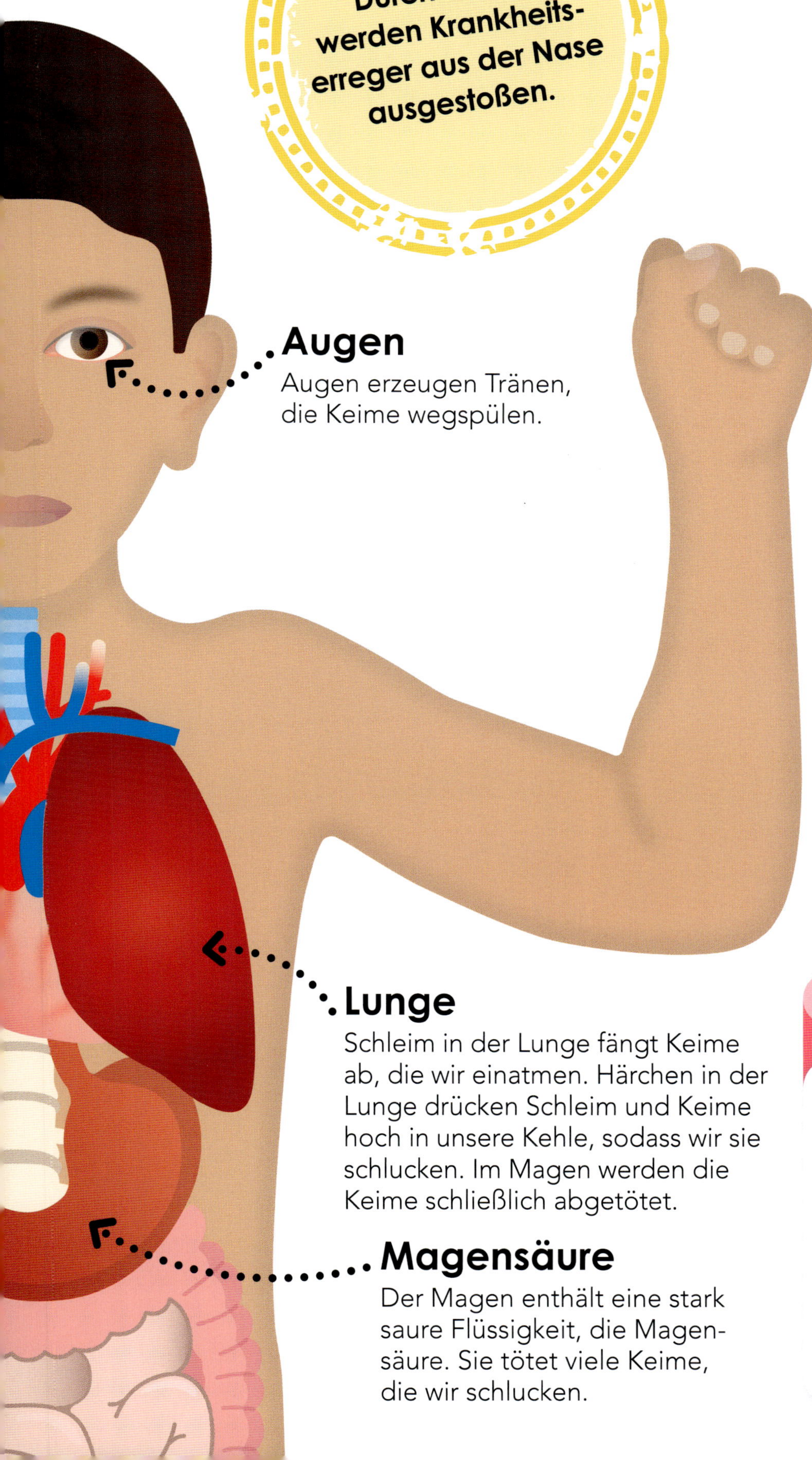

Augen
Augen erzeugen Tränen, die Keime wegspülen.

Lunge
Schleim in der Lunge fängt Keime ab, die wir einatmen. Härchen in der Lunge drücken Schleim und Keime hoch in unsere Kehle, sodass wir sie schlucken. Im Magen werden die Keime schließlich abgetötet.

Magensäure
Der Magen enthält eine stark saure Flüssigkeit, die Magensäure. Sie tötet viele Keime, die wir schlucken.

Was hilft uns noch gegen Krankheiten?

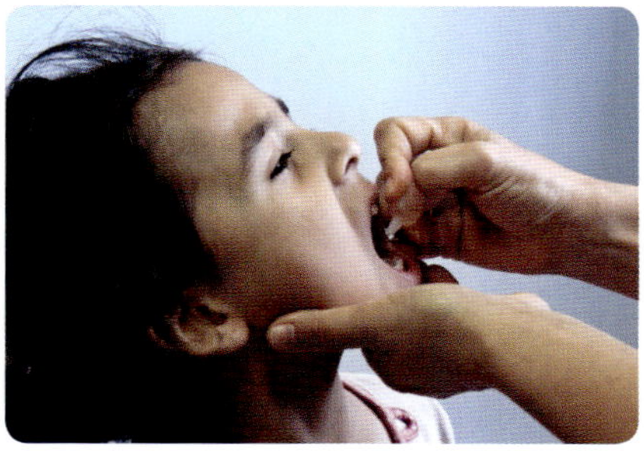

Impfstoffe
Impfstoffe enthalten geringe Mengen einer Krankheit. Nimmt er sie auf, lernt unser Körper, sie zu bekämpfen.

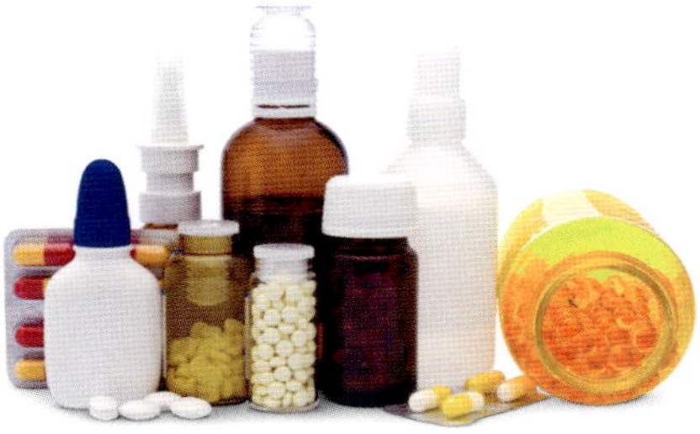

Medikamente
Medikamente heilen Krankheiten oder bewirken, dass es uns besser geht.

Quiz

1. Welche Blutkörperchen bekämpfen Keime?
2. Was macht Magensäure für den Körper?
3. Wie schützen Tränen unseren Körper?

Die Antworten findest du auf S. 132–133.

Chemische Elemente

Chemische Elemente sind Grundstoffe, aus denen sich andere Stoffe mischen lassen. Stell dir das wie bei den Grundfarben vor, wenn etwa aus Gelb und Blau Grün wird.

Woraus ist alles gemacht?

Von kleinen Insekten bis zu riesigen Sternen besteht alles im Universum aus winzigen Teilchen, den Atomen. Sie sind so klein, dass wir sie nicht sehen können. Atome enthalten noch kleinere Teilchen: Protonen, Neutronen und Elektronen.

Was können Atome alles?

Kernenergie

Die Spaltung von Atomen setzt große Energiemengen frei. Damit kann man in einem Kernkraftwerk Strom erzeugen.

Kernexplosion

Spalten sich Atome, treffen die Neutronen in ihnen andere Atome und spalten auch sie. So entsteht eine zerstörerische Explosion.

Teilchenbeschleuniger

Forscher beschleunigen Atomteilchen und lassen sie zusammenprallen, um mehr über Atome zu erfahren.

Elektronen

Elektronen sind negativ geladene bewegliche Teilchen, die von den Protonen im Atomkern angezogen werden.

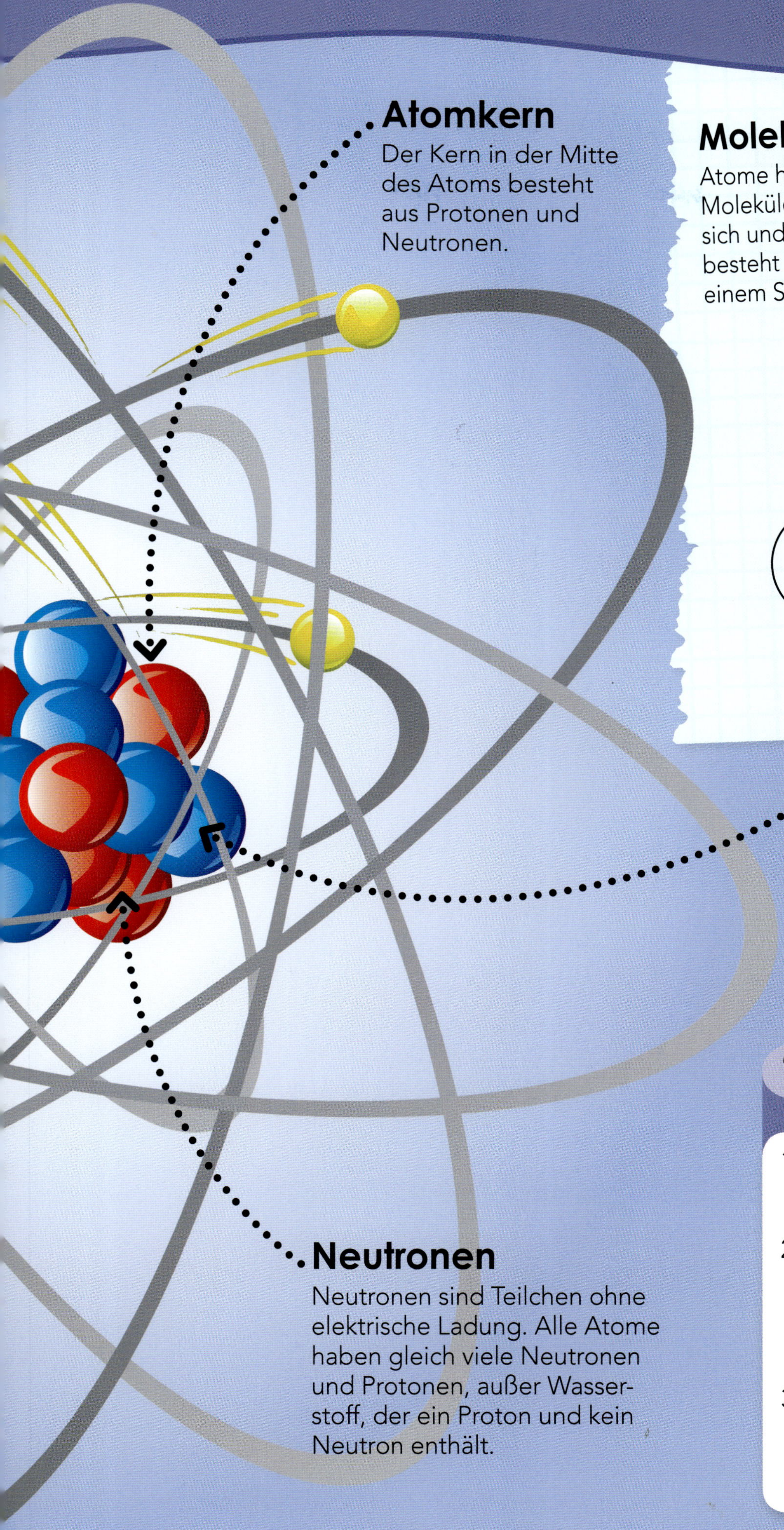

Atomkern

Der Kern in der Mitte des Atoms besteht aus Protonen und Neutronen.

Moleküle

Atome hängen in Gruppen zusammen, den Molekülen. Die Atomschalen überlappen sich und teilen sich Elektronen. Wasser besteht aus zwei Wasserstoffatomen und einem Sauerstoffatom.

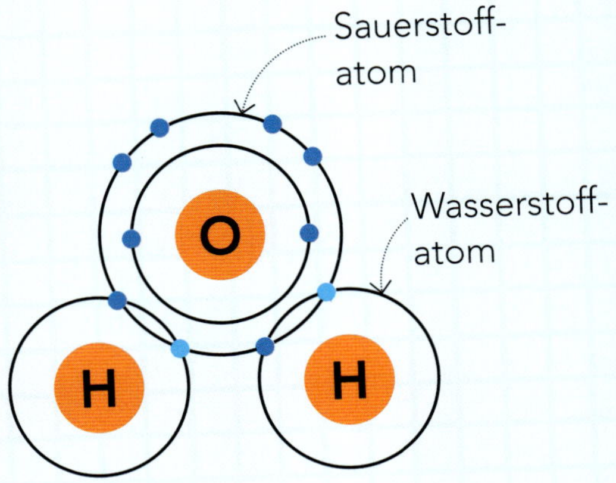

Aufbau eines Wassermoleküls

Protonen

Protonen sind positiv geladene Teilchen. Sie ziehen Elektronen an. Die Anzahl von Protonen in einem Atom heißt Atomzahl.

Neutronen

Neutronen sind Teilchen ohne elektrische Ladung. Alle Atome haben gleich viele Neutronen und Protonen, außer Wasserstoff, der ein Proton und kein Neutron enthält.

? Quiz

1. Welche Atomteilchen haben keine Ladung?
2. Wie nennen wir Strom, der aus der Energie entsteht, die bei der Atomspaltung freigesetzt wird?
3. Wie heißen Atome, die zusammen eine Gruppe bilden?

Die Antworten findest du auf S. 132–133.

Wieso schmilzt Schokolade?

Stoffe können fest, flüssig oder gasförmig sein, je nach Temperatur und wie sehr sie zusammengedrückt werden. Schokolade ist bei Zimmertemperatur fest. Wenn sie erhitzt wird, bewegen sich die winzigen Teilchen in der Schokolade aneinander vorbei. So schmilzt sie und wird flüssig.

Feststoff
Ein Feststoff behält seine Form. Feststoffe lassen sich übereinander stapeln.

Quiz

1. Welcher Stoff kann fest, flüssig oder gasförmig sein?
2. Bei welchem Stoff hängen die Teilchen am dichtesten zusammen?
3. Was sind Gletscher?

Die Antworten findest du auf S. 132–133.

Wasser kommt als einziger Stoff auf der Erde in allen drei Formen vor: fest, flüssig und gasförmig.

Was kann noch schmelzen?

Gletscher

Große Eisschichten, Gletscher genannt, schmelzen, wenn die Temperatur steigt. Manchmal stürzen dann große Eisbrocken ins Meer.

Vulkane

Steine schmelzen bei großer Hitze und wenn viel Gewicht auf sie drückt. Dieses heiße, geschmolzene Gestein bricht aus einem Vulkan als Lava aus.

Sich verändernde Zustände

Stoffe können sich verändern. Ein Feststoff wird flüssig, dann gasförmig, wenn wir ihn erwärmen oder zusammendrücken. Stoffe werden wieder fest, wenn sie sich abkühlen oder wir sie nicht mehr zusammendrücken.

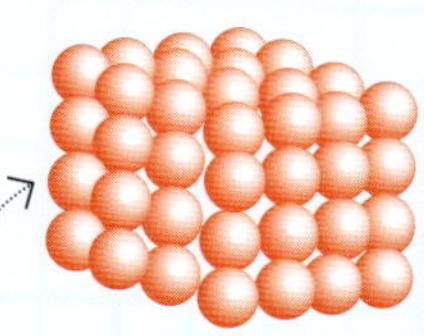

In Feststoffen sind alle Teilchen fest an ihrem Platz und liegen dicht aneinandergedrängt.

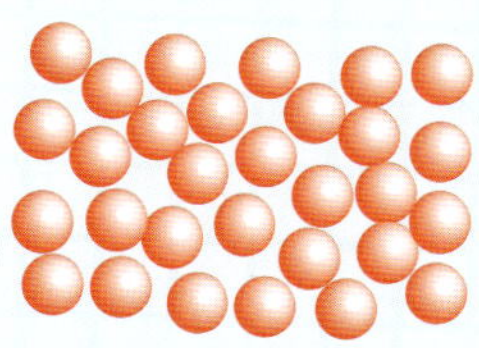

In Flüssigkeiten bewegen sich kleine Teilchengruppen aneinander vorbei.

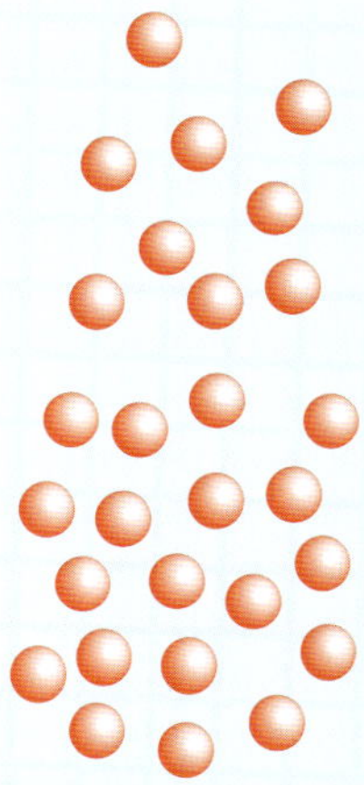

In Gasen bewegen sich Teilchen in allen Richtungen voneinander weg.

Flüssigkeit

Eine Flüssigkeit lässt sich gießen. Sie bildet eine „Pfütze", keinen Stapel.

Wie bekomme ich Salz aus Salzwasser?

Salzwasser ist eine Mischung aus Wasser und Salz. Das Salz hat sich im Wasser aufgelöst, die Salzkörnchen können wir nicht mehr sehen. Wir können das Salz aus dem Salzwasser aber wieder herausholen, indem wir das Wasser verdunsten lassen. Dann bleibt nur noch das Salz übrig. Man nennt das Destillation.

Salzpfanne

Salzpfannen sind seichte Salzwassertümpel, die eine Salzkruste bedeckt.

Salzablagerungen

Die Sonnenwärme lässt Wasser verdunsten (es wird zu Gas). Das feste Salz verdunstet nicht und bleibt übrig.

Die größte Salzpfanne der Welt enthält 11 Milliarden Tonnen Salz.

Wie funktioniert Destillation?

Kocht man Salzwasser, wird aus dem Wasser ein Gas, der Wasserdampf. Diesen Vorgang nennt man Verdunstung. Der Dampf zieht durch eine Röhre, kühlt ab und wird wieder flüssig. Das Wasser tropft in einen Behälter – übrig bleibt Salz.

Salzherstellung

Salz wird zu Haufen aufgeschichtet. Diese werden dann zu Fabriken transportiert und in das Salz umgewandelt, das wir essen.

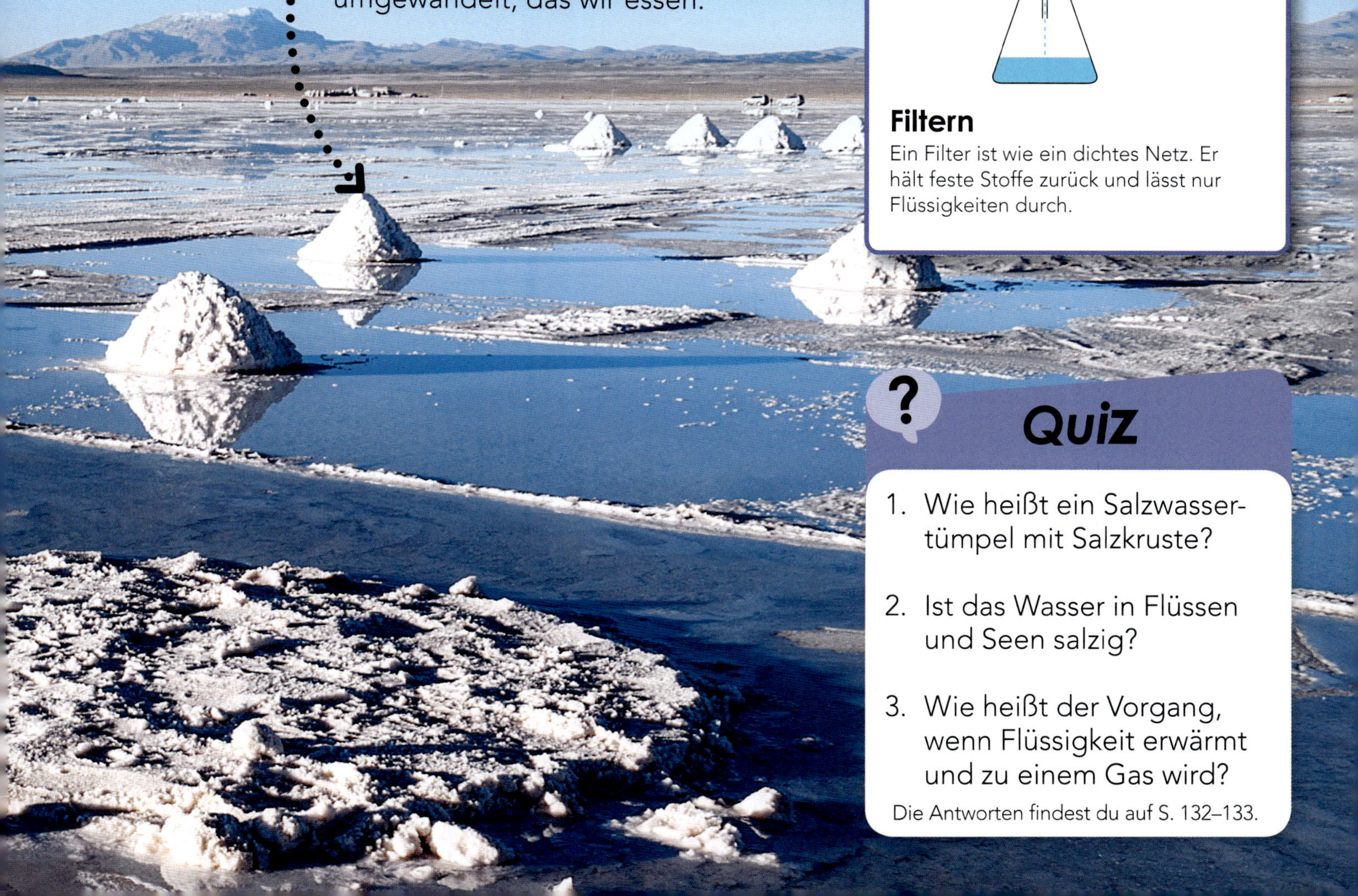

Wie können wir vermischte Stoffe noch trennen?

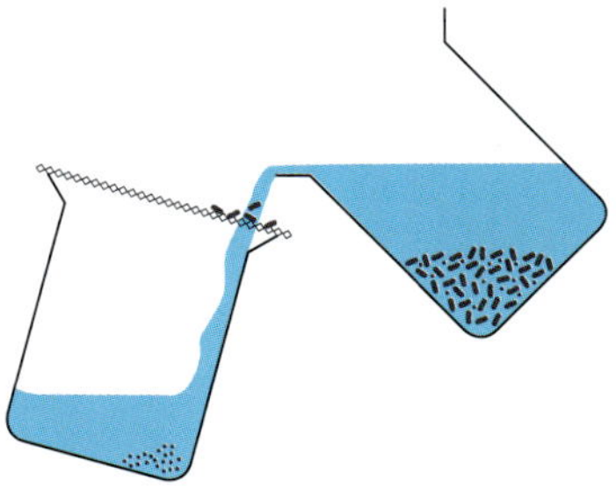

Sieben

Ein Sieb sammelt große Feststoffe, lässt aber kleinere durch. Damit können z. B. Steinchen von Sand getrennt werden.

Filtern

Ein Filter ist wie ein dichtes Netz. Er hält feste Stoffe zurück und lässt nur Flüssigkeiten durch.

? Quiz

1. Wie heißt ein Salzwassertümpel mit Salzkruste?
2. Ist das Wasser in Flüssen und Seen salzig?
3. Wie heißt der Vorgang, wenn Flüssigkeit erwärmt und zu einem Gas wird?

Die Antworten findest du auf S. 132–133.

Was ist ein Metall?

Metalle sind sehr nützlich. Wir können verschiedene Dinge aus ihnen herstellen, je nachdem, ob sie hart und stark sind oder sich leicht formen lassen. Durch Metalle kann auch Strom fließen.

Quecksilber ist als einziges Metall bei Zimmertemperatur flüssig.

Aluminium

Aluminium ist ein leichtes, starkes Metall, das nicht leicht rostet. Es lässt sich zu verschiedenen Dingen wie Fahrrädern, Getränkedosen oder sogar Flugzeugteilen formen.

Leicht formbar

Eisen

Eisen ist hart, stark und lange haltbar. Bleibt Eisen aber zu lange an der Luft, rostet es. Oft wird es mit Farbe angestrichen, um es vor Rost zu schützen.

Hart und stark

Können wir verschiedene Metalle auch mischen?

Messing
Eine Mischung aus Metallen heißt Legierung. Messing ist aus Kupfer und Zink. Daraus werden z. B. Musikinstrumente und Münzen gemacht.

Stahl
Stahl ist Eisen mit anderen Stoffen gemischt. Er ist extrem fest und rostet nicht. Aus ihm macht man Besteck, Schiffe und Werkzeuge.

? Bilderrätsel

Was passiert, wenn Eisen der Luft ausgesetzt wird?

Die Antwort findest du auf S. 132–133.

Kupfer
Kupfer lässt sich leicht zu Draht oder Blech formen. Kupfer ist auch ein guter Leiter, das heißt, Strom kann durch Kupfer gut hindurchfließen.

Leitet Strom und Wärme.

Gold
Gold ist ein glänzendes, weiches Metall. Es lässt sich leicht schmelzen und formen. Das Metall ist selten und teuer.

Glänzend

Öl gewinnen

Techniker bohren tief in die Erde, um Rohöl zu finden. Sie pumpen Wasser in das Loch. Öl schwimmt auf Wasser, deshalb steigt es auf und sprudelt aus der Erde.

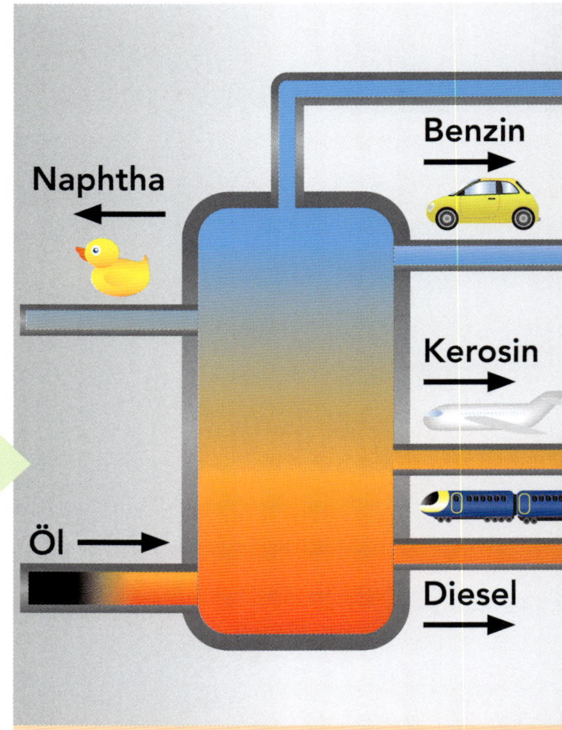

Öl raffinieren

Öl besteht aus verschiedenen Flüssigkeiten, die bei unterschiedlichen Temperaturen kochen. Beim Erhitzen trennt sich das Öl in einzelne Stoffe wie Benzin und Naphtha. Aus Naphtha wird Plastik gemacht.

Wie macht man Plastik?

Plastik besteht meist aus Erdöl. Erdöl ist vor Millionen Jahren entstanden, als kleine Pflanzen und Tiere im Boden zerdrückt wurden. Es braucht viele Schritte, damit aus dem rohen Öl Plastik wird.

Was besteht alles aus Plastik?

Tragetaschen
Plastik wird für leichte, aber stabile Tragetaschen benutzt. Sie sollten immer wiederverwendet werden, da es rund 500 Jahre dauert, bis sie sich auflösen.

Spielzeug
Plastikspielzeug gibt es in bunten Farben. Es hält lange, auch wenn du viel damit spielst. Plastik lässt sich leicht zu verschieden geformtem Spielzeug verarbeiten.

? Stimmt das?

1. Plastik wird aus Öl gemacht.
2. 80 Prozent des weltweiten Plastiks werden wiederverwendet.
3. Es dauert rund 500 Jahre, bis eine Plastiktasche zerfällt.

Die Antworten findest du auf S. 132–133.

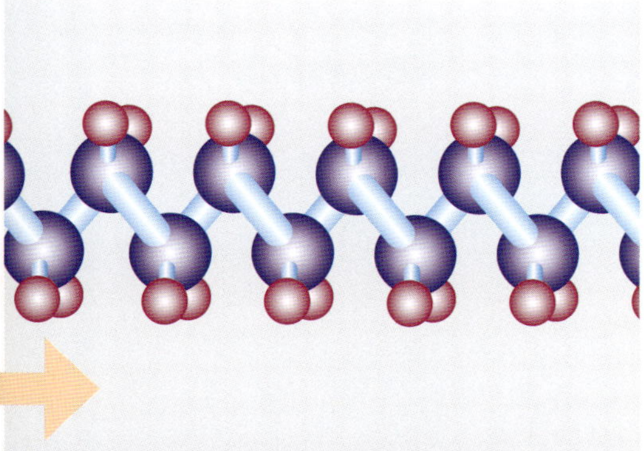

Chemischer Prozess

Naphtha wird erhitzt und mit Chemikalien vermischt. So werden aus den Teilchen, aus denen es besteht, lange Ketten. Diese werden dann in feste Plastikstücke geteilt.

Schmelzen

Die Plastikstücke werden geschmolzen. Das flüssige Plastik wird wieder mit Chemikalien und Farben vermischt. So entstehen verschiedene Arten von Plastik.

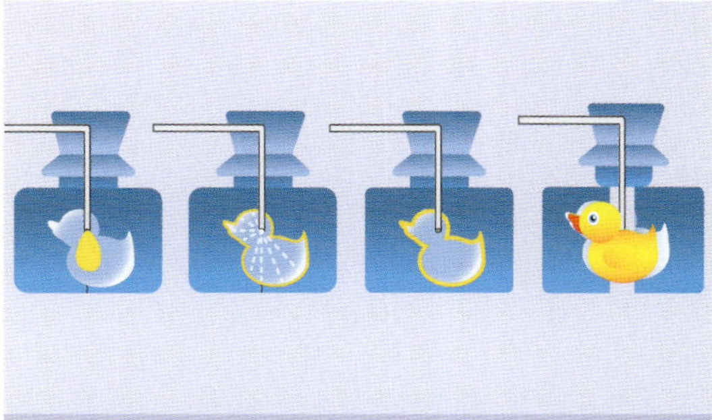

Formen

Das Plastik wird in eine Form gegossen und mit Luft an die Wände der Form geblasen. Dadurch kühlt es ab und wird z. B. zu einer festen Plastikente.

Fertig!

Am Ende ist eine gelbe Plastikspielzeugente entstanden, die schwimmt und jahrelang hält.

Wie funktioniert ein Feuerwerk?

Treffen zwei Stoffe aufeinander, können sie reagieren – sie verändern sich zu etwas Neuem. Dies nennt man eine chemische Reaktion. Manche Reaktionen erzeugen auch Explosionen. Die farbigen Explosionen bei einem Feuerwerk entstehen durch chemische Reaktionen.

Farben
Feuerwerkskörper enthalten metallische Stoffe, damit sie verschiedenfarbig leuchten. Lithium erzeugt rote Funken, Natriumsalz gelbe.

Wo sehen wir noch chemische Reaktionen?

Ein Apfel wird braun

Das Innere eines Apfels wird durch den Sauerstoff in der Luft braun.

Metall rostet

Eisen reagiert mit Wasser und Sauerstoff in der Luft. Es entsteht ein rotbrauner Überzug, der Rost heißt.

Es knallt!

Feuer verursacht in einem Feuerwerkskörper chemische Reaktionen. Sie erzeugen die bunten Explosionen am Himmel.

4. Erreicht das Feuer das Schießpulver, gibt es eine Explosion von Hitze, Licht und Farbe.

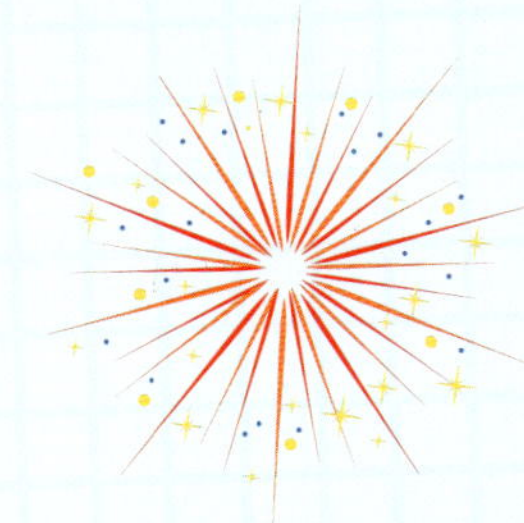

3. Der Feuerwerkskörper brennt, bis das Feuer die Hauptkammer erreicht, die Schießpulver und metallische Chemikalien enthält.

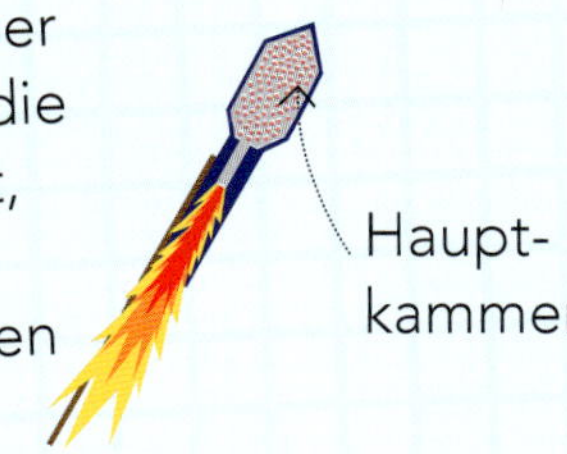

2. Das Schießpulver explodiert und setzt genug Energie frei, damit die Rakete in die Luft steigt.

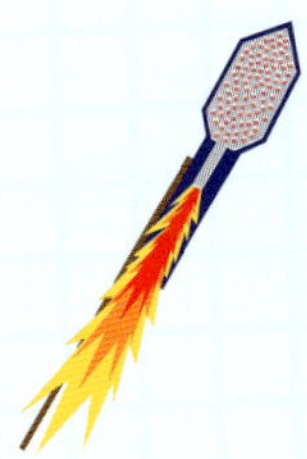

1. Die Zündschnur wird angezündet. Sie brennt langsam, bis sie eine kleine Menge Schießpulver erreicht, die im Feuerwerkskörper enthalten ist.

? Stimmt das?

1. Angebissene Äpfel werden durch eine chemische Reaktion mit dem Sauerstoff in der Luft braun.
2. Eisen rostet an der Luft.
3. Nicht jedes Feuerwerk nutzt chemische Reaktionen.

Die Antworten findest du auf S. 132–133.

Wieso ist der Saft von Zitronen sauer?

Zitronensaft schmeckt sauer, weil er Zitronensäure enthält. Durch Säuren schmecken Dinge scharf oder sauer. Starke Säuren sind gefährlich und können sogar Metall zersetzen. Schwache Säuren können wir essen und trinken.

Lackmuspapier verrät dir, ob etwas eine Säure oder Lauge ist. Es färbt sich rot oder blau.

Wie viel Säure ist worin enthalten?

Wir messen Säure mit der pH-Skala – einer besonderen Messleiste. Je niedriger die Zahl auf der Leiste, desto stärker ist die Säure. Aber nicht alles ist sauer. Das Gegenteil von Säuren sind Laugen (Alkalien). Seifenwasser ist beispielsweise eine Lauge.

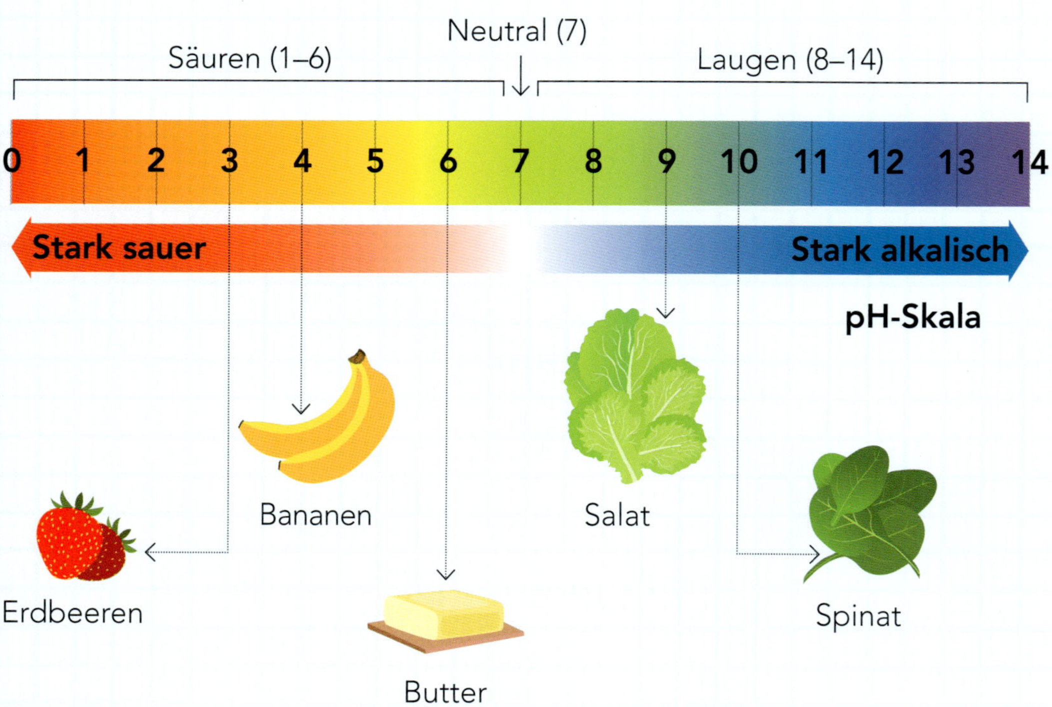

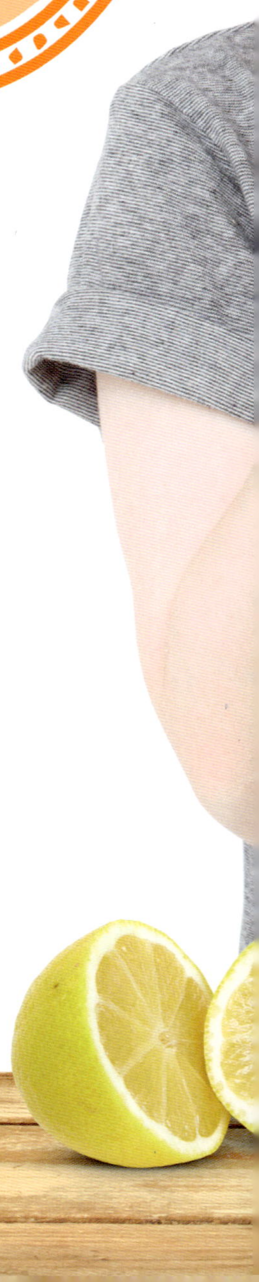

Sauer macht lustig

Zitronensaft enthält viel Zitronensäure mit einem pH-Wert von 2. Daher schmecken Zitronen sehr sauer.

Was ist noch sauer?

Dosentomaten

Dosentomaten haben einen pH-Wert von 3,5. In Tomaten sind schwache Säuren enthalten, die man gut essen kann.

Essig

Essig enthält Essigsäure mit einem pH-Wert von 3. Damit soll das Essen sauer schmecken.

? Stimmt das?

1. Zitronen sind saurer als Essig.
2. Ob etwas eine Säure oder eine Lauge ist, können wir mit der ph-Skala messen.
3. Butter enthält Säure.

Die Antworten findest du auf S. 132–133.

Energie

Energie steckt in allen Dingen. Wir gewinnen sie, indem wir Brennstoffe wie Kohle verbrennen oder die Kraft von Sonne, Wind und Wasser nutzen.

Lageenergie

Wasser hinter einem Staudamm hat allein durch seine Lage Energie. Die Schwerkraft zieht das gestaute Wasser nach unten. Sobald es abgelassen wird, bewegt es sich.

Bewegungsenergie

Wird Wasser durch den Staudamm abgelassen, wird aus seiner Lageenergie Bewegungsenergie.

Die Sonne liefert etwa so viel Energie wie 100 Millionen Kohlekraftwerke.

Wie funktioniert Energie?

Energie lässt sich nicht erzeugen oder vernichten – aus einer Art von Energie wird immer eine andere. Aus in Essen gespeicherter Energie wird Bewegungsenergie in unserem Körper. Aus Bewegungsenergie in Wasser kann elektrische Energie in einer Glühlampe werden.

Energieumwandlung

Bewegungsenergie lässt sich mit einem Generator in elektrische Energie, also in Strom, umwandeln. Daraus entsteht Wärme- und Lichtenergie, etwa in einer Glühlampe.

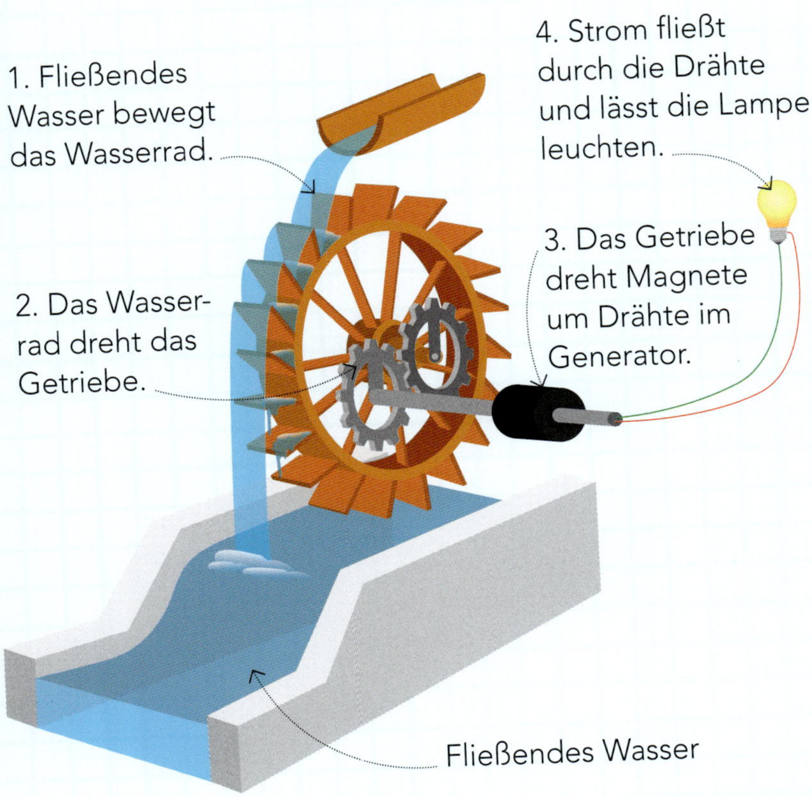

Was für Energiearten gibt es noch?

Chemische Energie
Chemische Reaktionen können Energie freisetzen. In Holz gespeicherte Energie wird z. B. durch Verbrennen freigesetzt.

Kernenergie
Kernenergie entsteht, wenn kleine Teilchen, die Atome, in Maschinen gespalten werden, die Kernreaktoren heißen.

? Quiz

1. Woher kommt die meiste Energie auf unserer Erde?
2. Wie nennt man eine Maschine, mit der sich Energie umwandeln lässt?
3. Welche Energieart wird beim Spalten von Atomen erzeugt?

Die Antworten findest du auf S. 132–133.

Wie sehen wir Farben?

Licht macht unsere Welt bunt, denn Licht besteht aus allen Farben, die wir sehen können. Trifft Licht auf ein Objekt, prallt es von ihm ab. Manche der Lichtfarben werden vom Objekt verschluckt, andere werden von ihm zurückgestrahlt und von unseren Augen als Farbe gesehen.

Sichtbares Spektrum

Die Farben, die wir sehen können, bilden das sichtbare Spektrum. Weißes Sonnenlicht ist eine Mischung aus allen Farben des Lichts.

Sonnenlicht

Unsere Hauptlichtquelle ist die Sonne. Es dauert 8 Minuten, bis Sonnenlicht die Erde erreicht.

Was ist Farbenblindheit?

Rot-Grün-Blindheit
Dies ist die verbreitetste Farbenblindheit. Menschen, die sie haben, können Rot und Grün nicht unterscheiden.

Blau-Gelb-Blindheit
Dies ist eine andere Art von Farbenblindheit. Menschen, die sie haben, können Lila und Gelb nicht unterscheiden.

Licht zerlegen

Gelangt weißes Licht durch ein Prisma, wie du es unten siehst, wird es in alle Regenbogenfarben zerlegt. Farben entstehen aus Licht. Im „weißen" Licht befinden sich bereits alle Farben des Regenbogens.

Licht zurückstrahlen

Das gelbe Licht von der Blüte, wird ins Auge zurückgestrahlt. Winzige Messfühler im Auge, die Sensoren, verraten dem Gehirn, dass die Blüte gelb ist.

Licht verschlucken

Alle Farben des Sonnenlichts außer Gelb werden von der Blüte verschluckt. Das Gelb prallt von der Blüte ab und wird zum Auge zurückgestrahlt.

? Bilderrätsel

Was ist ein Schatten?

Die Antwort findest du auf S. 132–133.

Schall
Erzeugen wir ein Geräusch, also einen Schall, schwingt die Luft.

Im Weltall gibt es keinen Schall, da er sich ohne Luft nicht fortpflanzen kann.

Was ist Schall?

Schall ist eine Schwingung der Luft. Sie pflanzt sich durch feste Dinge, Flüssigkeiten oder Gase fort. Hören wir ein Geräusch, dann haben sich Schwingungen durch die Luft in sogenannten Schallwellen bis zu unseren Ohren fortgepflanzt.

Wie hören wir?

Schallwellen bringen das Trommelfell, zum Schwingen. Es leitet die Schwingungen durch kleine Knochen und eine Flüssigkeit weiter. Winzige Messfühler, die Sensoren, senden den Schall zum Gehirn.

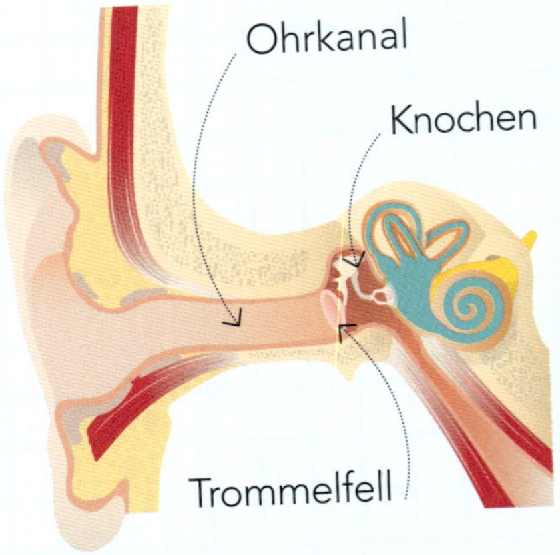

Ohr

Schallwellen

Schall bringt Luft zum Schwingen – er drückt sie zusammen und zieht an ihr. Die sich bewegende Luft nennt man Schallwelle.

Hören

Unsere Ohren sammeln Schallwellen, machen aus Schwingungen elektrische Signale und leiten sie ans Gehirn. So kann das Gehirn ein Geräusch erkennen.

? Quiz

1. Pflanzt sich Schall durch Flüssigkeiten fort?
2. Wieso fliegen Fledermäuse im Dunkeln nicht gegen Wände?
3. Gibt es auch im Weltall Schall?

Die Antworten findest du auf S. 132–133.

Wie hilft Schall den Tieren?

Unter Wasser

Delfine senden Klicklaute durch das Wasser. Diese prallen von Hindernissen, z. B. von Fischen, ab und helfen den Delfinen ihre Nahrung zu finden.

Im Dunkeln

Fledermäuse senden Töne aus, die von Objekten abprallen. So fliegen die Fledermäuse im Dunkeln nicht gegen Wände und fangen Insekten.

Kann Wärme sich bewegen?

Wärme bewegt sich immer in eine Richtung: von warm zu kalt. Berühren wir zum Beispiel eine warme Heizung, bewegt sich dessen Wärme in unsere Haut. Berühren wir dagegen einen Eiswürfel, bewegt sich Wärme aus unserer Haut in den Eiswürfel.

Konduktion

Erhitzen wir einen Topf mit Wasser, bewegt sich Wärme von der Herdplatte durch den unteren Teil des Topfes nach oben und erwärmt dabei das Wasser. Die Leitung von Wärme zwischen Feststoffen und Flüssigkeiten oder Gasen heißt Konduktion.

Wie kühlt sich heiße Lava ab?

Lavabomben
Lava ist flüssiges Gestein. Vulkane werfen Lavablasen aus, die sich in der Luft abkühlen und wieder zu festem Gestein werden.

Kissenlava
Gelangt Lava ins kalte Meer, kühlt sie sich manchmal zu kissenartigen Formen ab.

Konvektion

Das Wasser am Topfboden erwärmt sich und steigt auf, das kältere Wasser sinkt. Diese Wärmebewegung in Flüssigkeiten oder Gasen heißt Konvektion.

Wärmestrahlung

Von erhitzten Objekten wie z. B. Herdplatten ausgehende Wärme erwärmt andere Dinge. Dies nennt man Wärmestrahlung.

Die Sonne

Die Sonne ist unsere Hauptwärmequelle. Sie erwärmt die Erde mit ihren unsichtbaren Strahlen.

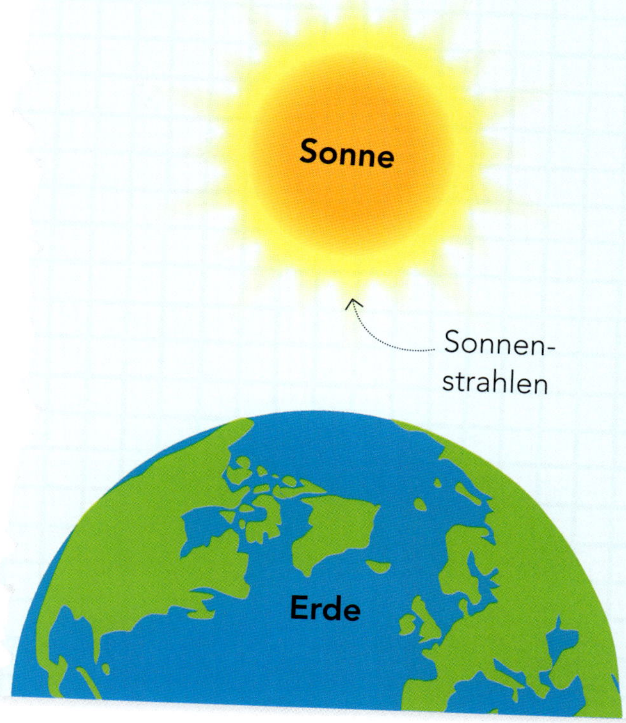

? Quiz

1. Was ist unsere Hauptwärmequelle?
2. Wie nennt man den Vorgang, wenn Wärme durch feste Stoffe, wie etwa einen Topfboden, wandert?
3. Was ist Lava?

Die Antworten findest du auf S. 132–133.

Was ist Elektrizität?

Elektrizität ist eine besondere Kraft, die in der Natur vorkommt. Du kannst sie als Blitz am Himmel sehen. Sie entsteht durch geladene Teilchen, die aneinanderreiben. Man nennt sie Elektronen. Wir können auch mithilfe von Licht, Wind oder Wasser Elektrizität erzeugen.

Blitz

Ein Blitz ist ein Riesenfunken elektrischer Ladung. Er bewegt sich zwischen den Wolken oder zwischen Wolken und Erde.

Jede Sekunde treffen 100 Blitze auf den Erdboden.

Wie können wir Elektrizität erzeugen?

Sonnenenergie

Solarzellenplatten erzeugen aus Sonnenenergie Strom. Oft liegen sie auf Hausdächern.

Windenergie

Windräder erzeugen aus der Windbewegung Strom. Eine Gruppe von Windrädern bildet einen Windpark.

Wasserenergie

Wasserkraftwerke nutzen die Wasserbewegung, um Turbinen, große Maschinen, anzutreiben, die Strom erzeugen.

Geladene Teilchen

Elektrizität wird von beweglichen geladenen Teilchen erzeugt, den Elektronen. Sie fließen als elektrischer Strom.

Wolken

Teilchen von Eis, Regen oder Schnee in Wolken reiben aneinander und laden sich mit statischer Elektrizität auf. Schließlich entlädt sich die Ladung als Blitz.

Quiz

1. Womit können wir Windenergie erzeugen?
2. Woraus besteht ein Blitz?
3. Welche Elektrizität entsteht, wenn Teilchen von Eis, Regen oder Schnee in Wolken aneinanderreiben?

Die Antworten findest du auf S. 132–133.

Wie gehen Lampen an?

Drücken wir einen Lichtschalter, schließt er einen Stromkreis. Durch eine Schleife aus Drähten fließt dann Strom, auch Elektrizität genannt, zu einer Glühlampe. Die Lampe leuchtet und erzeugt Licht.

Batterie

Batterien sind eine Stromquelle und speichern Elektrizität. Sie haben positive und negative Enden, die Pole. Sind sie mit Leitungsdrähten verbunden, fließt Storm.

Drähte

Strom fließt nur durch Drähte, wenn der Stromkreis geschlossen ist. Drähte sind meist aus Kupfer, da das Material Strom gut leitet.

Schalter

Der Schalter steuert den Stromfluss durch den Stromkreis. Ist der Schalter offen, unterbricht er den Stromkreis – der Strom kann nicht mehr fließen.

Elektrizität fließt mit 200 000 Kilometern pro Sekunde. Das ist nur ein Drittel langsamer als das Licht.

Glühlampe

Die Glühlampe leuchtet, wenn Strom durch sie fließt. Dies ist nur eine kleine Lampe, doch alle Glühlampen leuchten auf die gleiche Weise.

Schaltplan

Jedes Objekt im Stromkreis wird als Symbol gezeigt – die Drähte als gerade Linien.

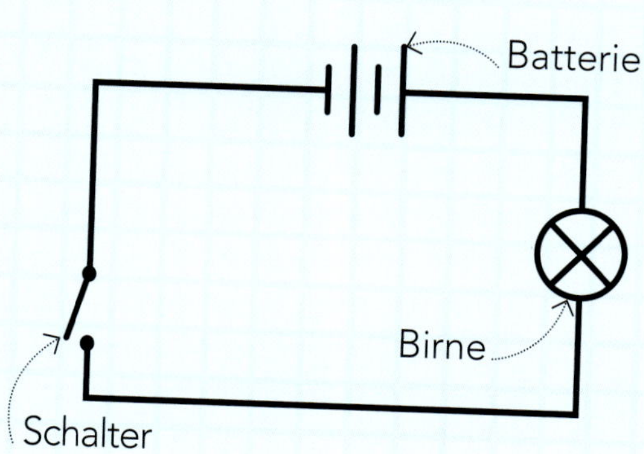

Plan eines einfachen Stromkreises

Was können Stromkreise noch?

Fernseher

Dank winziger Stromkreise im Fernseher können wir Dinge wie Helligkeit und Lautstärke steuern.

Handys

In Handys und anderen elektrischen Geräten gibt es Ministromkreise, die kleiner als ein Fingernagel sind. Diese Stromkreise heißen Mikrochips.

? *Bilderrätsel*

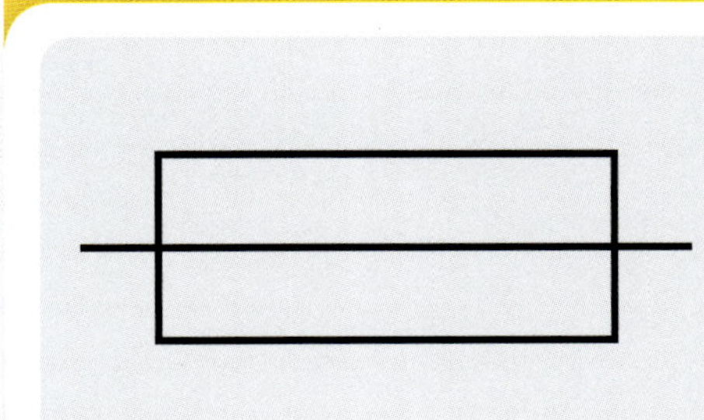

Dieses Symbol zeigt eine Sicherung, ein weiteres Objekt in einem Stromkreis. Wozu dient sie?

Die Antwort findest du auf S. 132–133.

Wie kann ich mein Haar abstehen lassen?

Elektronen

Elektronen sind winzige negativ geladene Teilchen in den Atomen, die du aus dem Kapitel „Chemische Elemente" kennst. Fließen diese, erzeugen sie Elektrizität.

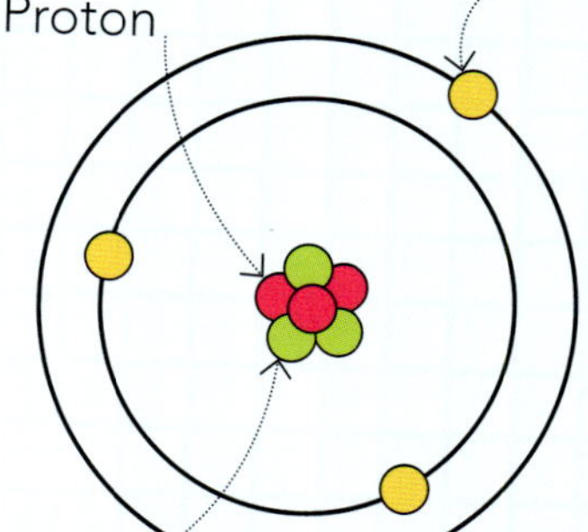

Atom

Reibst du einen Luftballon an deinem Haar, lädst du es mit einer bestimmten Art von Elektrizität auf, der statischen Elektrizität. Winzige Teilchen, die Elektronen, wandern vom Haar zum Ballon. Sie laden ihn auf und ziehen dein Haar zum Ballon hin.

Blitze sind riesige Funken von statischer Elektrizität, die zum Beispiel aus Wolken zucken.

Was kann statische Elektrizität noch?

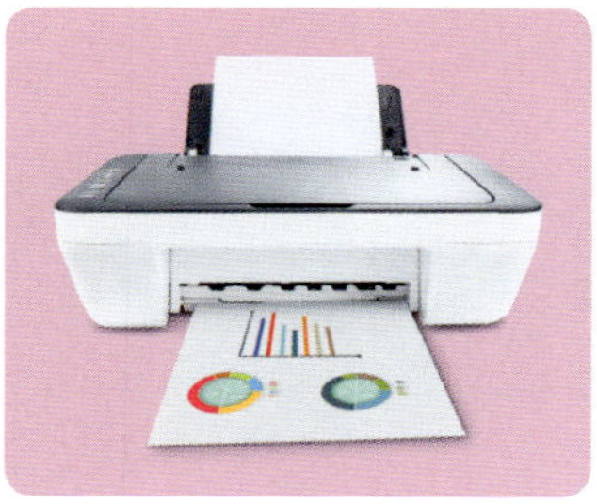

Fotokopierer

Fotokopierer lassen dank statischer Elektrizität negativ geladene Tinte an positiv geladenen Bereichen des Papiers haften.

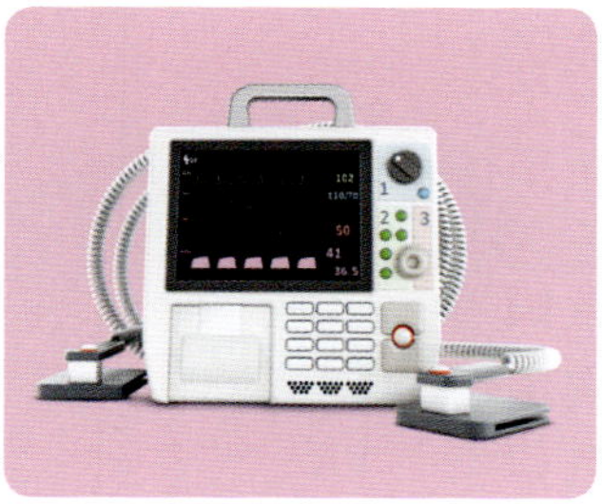

Defibrillator

Defibrillatoren werden benutzt, wenn jemand einen Herzstillstand hat. Die statische Elektrizität hilft, das Herz wieder zum Schlagen anzuregen.

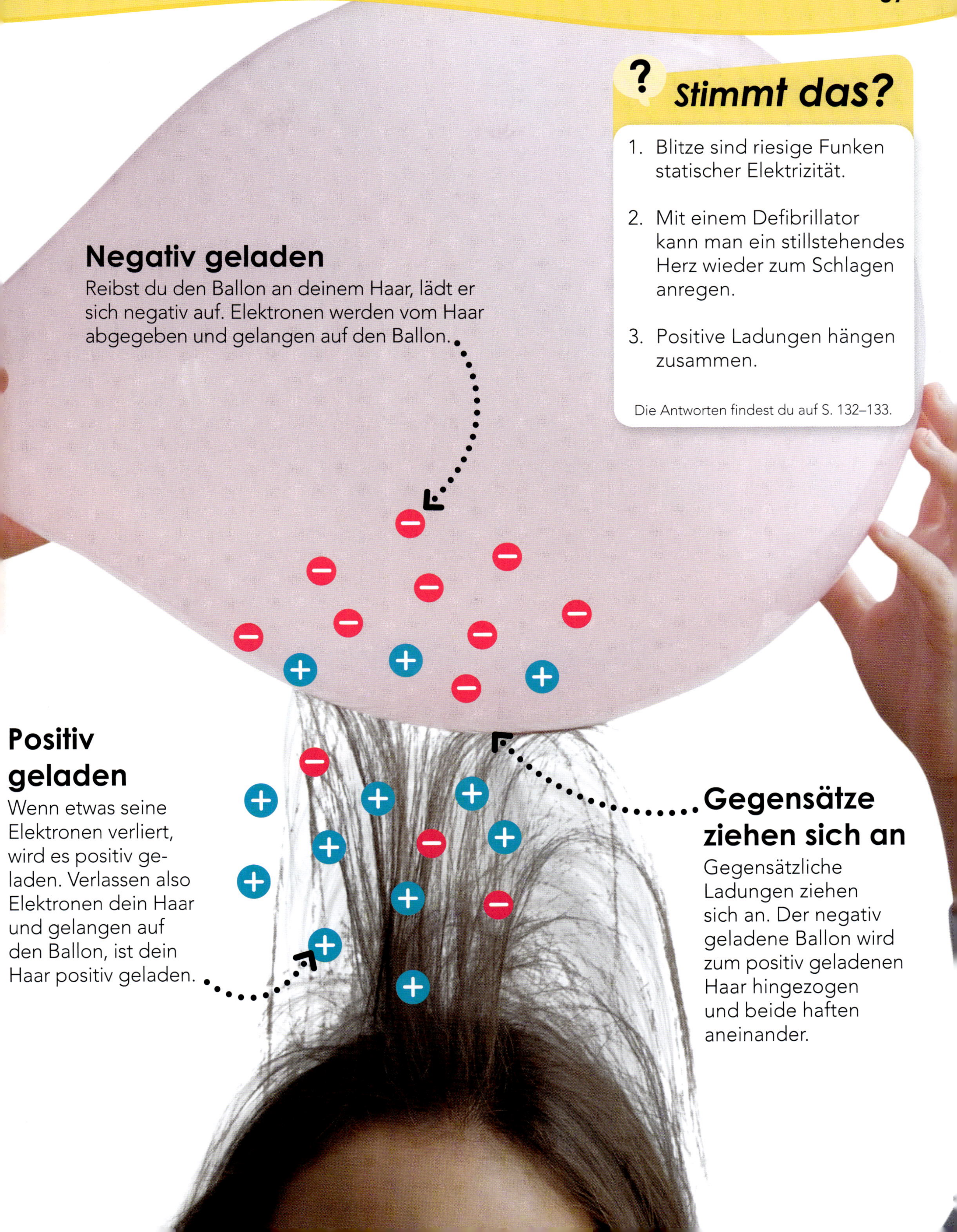

? Stimmt das?

1. Blitze sind riesige Funken statischer Elektrizität.
2. Mit einem Defibrillator kann man ein stillstehendes Herz wieder zum Schlagen anregen.
3. Positive Ladungen hängen zusammen.

Die Antworten findest du auf S. 132–133.

Negativ geladen

Reibst du den Ballon an deinem Haar, lädt er sich negativ auf. Elektronen werden vom Haar abgegeben und gelangen auf den Ballon.

Positiv geladen

Wenn etwas seine Elektronen verliert, wird es positiv geladen. Verlassen also Elektronen dein Haar und gelangen auf den Ballon, ist dein Haar positiv geladen.

Gegensätze ziehen sich an

Gegensätzliche Ladungen ziehen sich an. Der negativ geladene Ballon wird zum positiv geladenen Haar hingezogen und beide haften aneinander.

Wie kann ein Magnet Strom erzeugen?

Bewegst du einen Magneten durch eine Drahtspule, dann fließt Elektrizität in den Draht. So können wir Strom erzeugen. Generatoren sind Maschinen, die Drahtspulen um Magnete oder Magnete in Drahtspulen schnell drehen, um Elektrizität zu erzeugen.

Starten

Tritt der Radfahrer in die Pedale, drehen sich die Räder. Das Vorderrad dreht das Reibrad am Dynamo.

Wozu sind Magnete noch nützlich?

Schrott

Kräne mit Magneten heben schwere magnetische Metalle wie Eisen aus Schrotthaufen.

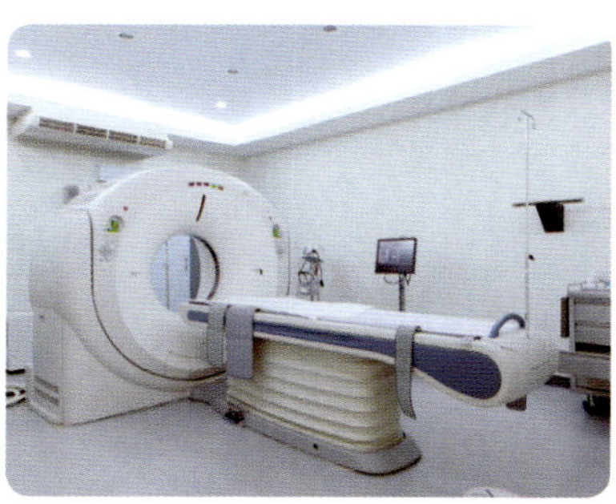

MRT

Magnetresonanztomografen (kurz MRT) nehmen Bilder aus dem Inneren des menschlichen Körpers auf.

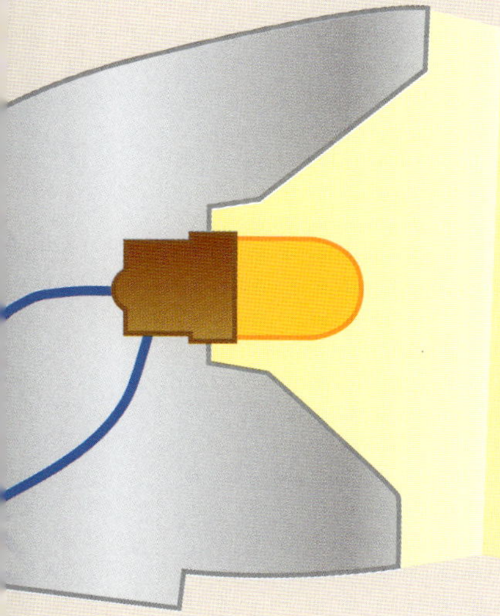

Aufleuchten

Der Mini-Generator im Dynamo erzeugt genug Strom, damit die Lampe leuchtet.

? Stimmt das?

1. Magnete helfen dabei, Fahrradleuchten mit Strom zu versorgen.
2. Dein Fahrraddynamo wird durch Strom angetrieben.
3. Mit Magneten kann man schwere Dinge heben.

Die Antworten findest du auf S. 132–133.

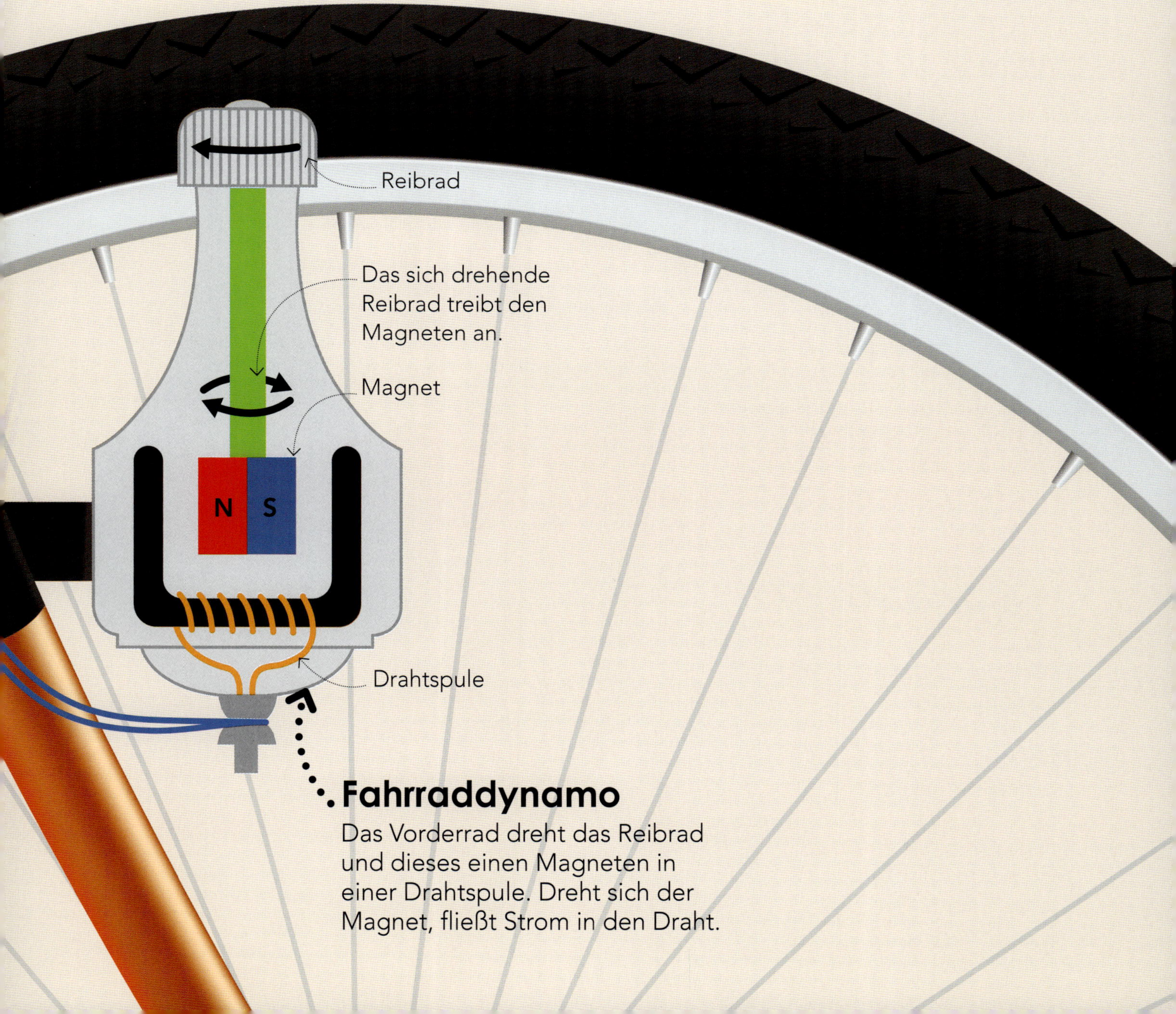

Fahrraddynamo

Das Vorderrad dreht das Reibrad und dieses einen Magneten in einer Drahtspule. Dreht sich der Magnet, fließt Strom in den Draht.

Woher kommt Kohle?

Kohle ist ein Brennstoff aus den Resten alter Pflanzen, die im Boden eingeschlossen und zusammengedrückt wurden. Kohle brennt leicht und gibt Energie als Wärme und Licht ab. In einem Kohlekraftwerk erzeugt sie Strom.

Kohle und Diamanten sind aus dem gleichen Stoff: Kohlenstoff.

1. Sumpf

Pflanzen wie Bäume, Farne und Moose sterben ab und sinken auf den Boden des Sumpfes. Darüber wachsen neue Pflanzen. Auch diese sterben irgendwann wieder ab und sinken zu Boden. So bilden sich Schichten abgestorbener Pflanzen am Grund des Sumpfes.

? Stimmt das?

1. Kohle und Diamanten sind aus Kohlenstoff.
2. Kohle wird an der Erdoberfläche gebildet.
3. Erdgas ist aus den Überresten von Pflanzen und Tieren entstanden.

Die Antworten findest du auf S. 132–133.

Welche Brennstoffe entstehen noch im Boden?

Erdöl

Öl entstand aus winzigen Pflanzen und Tieren, die vor Jahrmillionen in den Meeren lebten. Sie starben, wurden unter Schlamm begraben und zu Öl zerdrückt.

Erdgas

Erdgas entstand auf die gleiche Weise und zur gleichen Zeit wie Erdöl und besteht ebenfalls aus den Überresten von Tieren und Pflanzen. Erdgas und Erdöl findet man oft zusammen im Boden.

2. Begraben

Erde häuft sich über dem Sumpf auf und drückt nach unten auf die Pflanzenschicht. Dabei wird diese erwärmt.

3. Kohle

Über Jahrmillionen werden die Schichten weiter zusammengedrückt und erwärmt. Gase treten aus und aus Pflanzen- werden Kohleschichten.

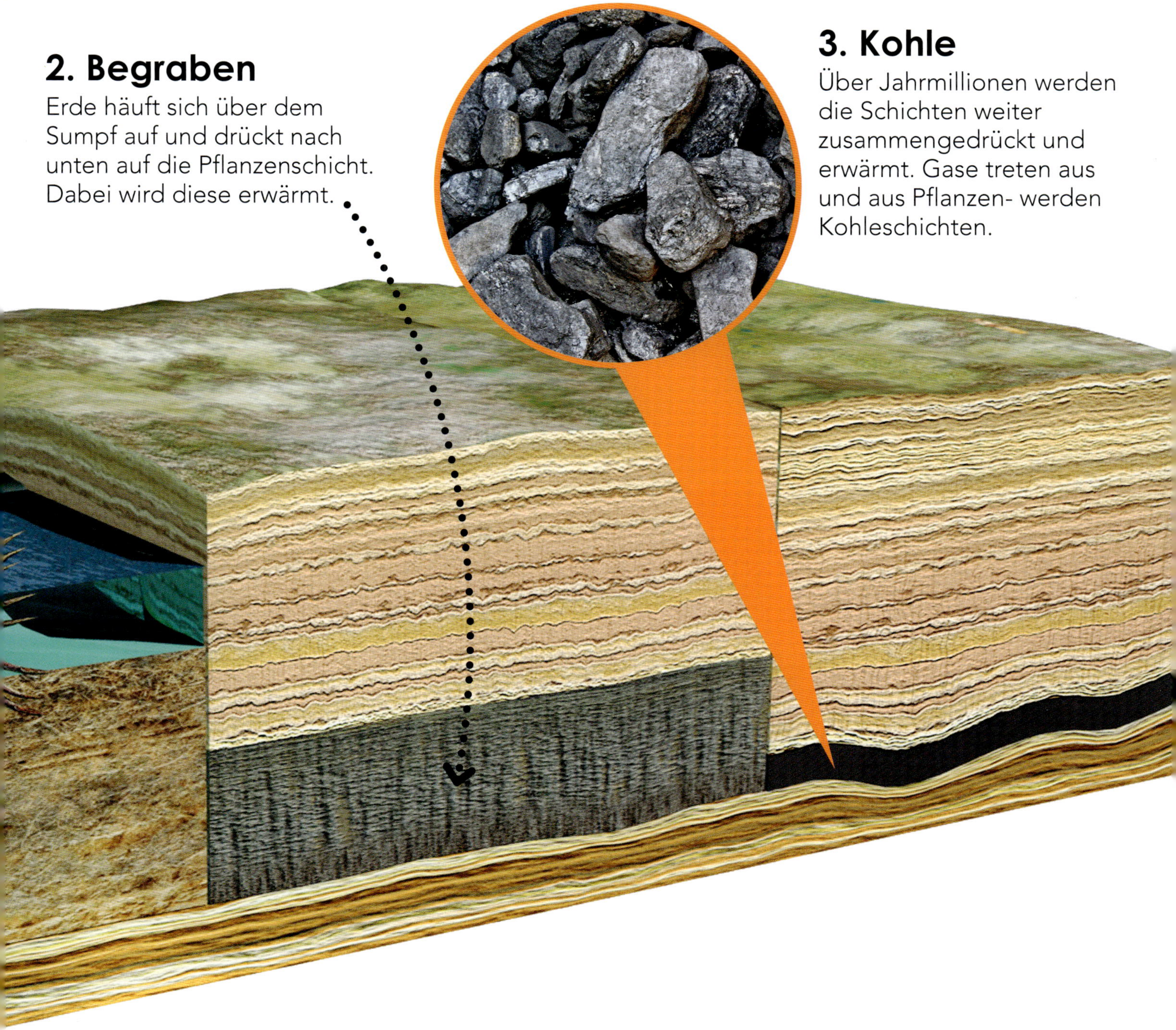

Kräfte und Bewegung

Kräfte drücken oder ziehen an Objekten und bewegen diese. Sie machen Dinge schneller oder bremsen sie ab. Sie können Dinge auch in die Luft heben und sie drehen.

Wodurch werden Dinge schneller oder langsamer?

Der britische Forscher Isaac Newton entdeckte 1687 drei Gesetze der Bewegung, durch die wir verstehen, wie Objekte sich verhalten, wenn Kräfte sie drücken oder ziehen. Kräfte machen Dinge schneller oder langsamer.

Erstes Bewegungsgesetz

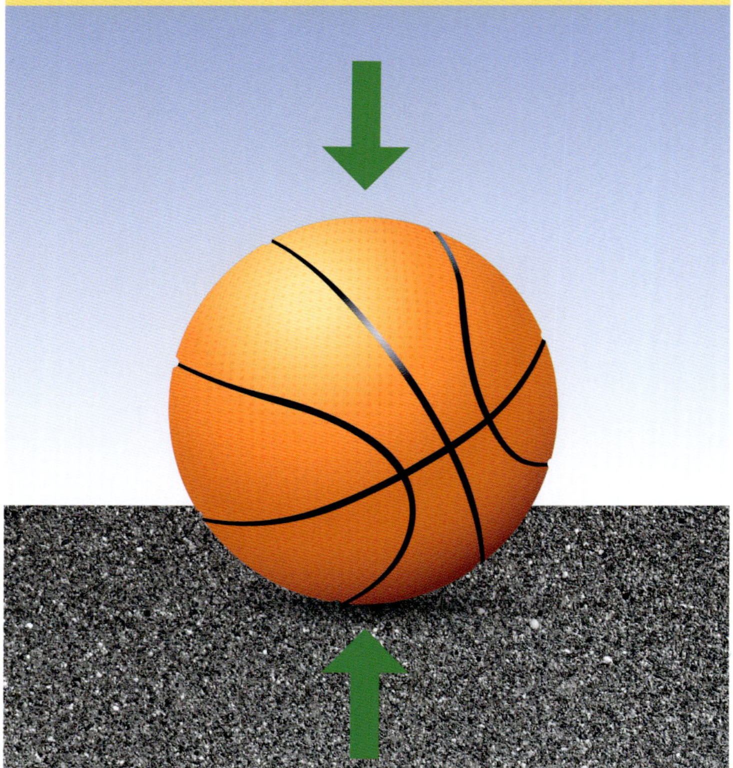

Ruhender Ball

Sind die Kräfte, die auf den Ball wirken, gleich stark, bleibt der Ball ruhig liegen oder bewegt sich mit gleichbleibender Geschwindigkeit. Er ändert seine Geschwindigkeit nur, wenn eine weitere Kraft auf ihn wirkt.

Zweites Bewegungsgesetz

Schneller werden

Drücken, also werfen, wir den Ball mit den Händen vorwärts, beschleunigt ihn diese zusätzliche Kraft und bewegt ihn in die Richtung, in die wir ihn geworfen haben.

Was hilft Tieren, sich schnell zu bewegen?

Kraft

Ein Gepard ist schnell, weil er leicht ist und sehr kräftige Beine hat. Mit seinen Füßen kann er sich beim Laufen kraftvoll vom Boden abstoßen.

Glatter Körper

Ein Pinguin schwimmt schnell durchs Wasser, da sein Körper der Form einer Zitrone ähnelt und sich so leichter durch das Wasser bewegen kann. Das nennt man stromlinienförmig.

Drittes Bewegungsgesetz

Abprallen

Wenn wir den Ball mit hohem Tempo gegen eine Wand werfen, also drücken, dann drückt die Wand den Ball mit dem gleichen Tempo in die entgegengesetzte Richtung zu uns zurück.

Beschleunigen heißt schneller werden.

? Stimmt das?

1. Es gibt drei Gesetze der Bewegung.
2. Prallt ein Objekt in einem bestimmten Tempo gegen etwas, wird es gleich schnell zurückgedrückt.
3. Sind Kräfte gleich groß, bewegt sich ein Objekt langsam.

Die Antworten findest du auf S. 132–133.

Was hindert Dinge am Rutschen?

Reibung verhindert Rutschen. Sie ist eine Kraft, die zwischen zwei Oberflächen wirkt, die sich berühren und aneinander vorbeibewegen. Wenn wir gehen, reiben unsere Schuhsohlen über den Boden, sodass wir nicht wegrutschen.

Reibst du deine Hände aneinander, erzeugt die Reibung zwischen ihnen Wärme.

Wie funktioniert Reibung?

Bewegen sich zwei Oberflächen aneinander vorbei, reiben sie gegeneinander und bremsen sich ab. Reibung wirkt stets entgegengesetzt zur Bewegungsrichtung.

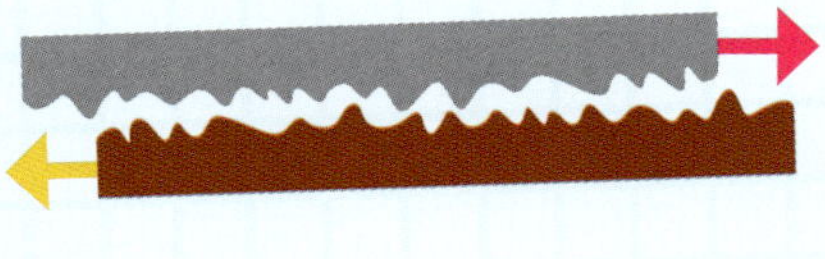

Zwei Oberflächen bewegen sich aneinander vorbei.

Womit lässt es sich besonders gut rutschen?

Ski

Ski sind unten ganz glatt. Dies verringert Reibung, sodass sie leicht über den Schnee gleiten. Schnee und Eis schmelzen durch die erzeugte Wärme, was die Reibung weiter verringert – die Ski fahren so noch schneller.

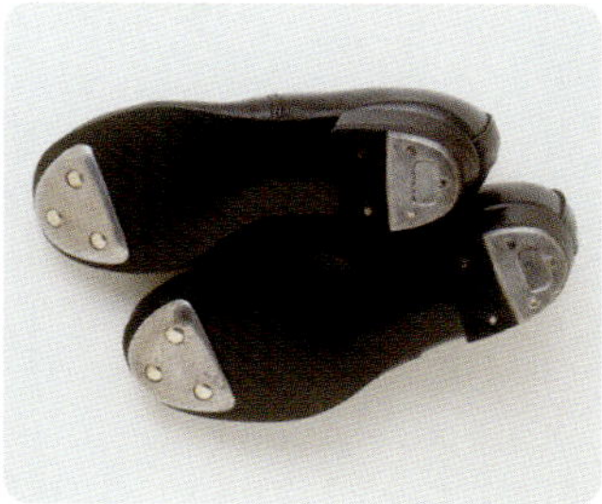

Steppschuhe

Steppschuhe haben Sohlen aus poliertem Metall. So gibt es viel weniger Reibung zwischen den Schuhen und dem Boden, und der Stepptänzer kann beim Tanzen über den Boden gleiten.

Raue Oberfläche

Raue Oberflächen verstärken Reibung. Nasse, eisige oder schlammige Oberflächen verringern sie und Autos können leicht ins Schleudern geraten.

Profil

Reifenprofile verstärken Reibung, sodass Reifen auf Straßen oder im Gelände nicht wegrutschen.

? Stimmt das?

1. Ski gleiten dank ihrer glatten Unterseite gut über Schnee und Eis.
2. Reibung erzeugt Wärme.
3. Raue Oberflächen erzeugen mehr Reibung als glatte.

Die Antworten findest du auf S. 132–133.

Wie wirken Magnete?

Magnete haben zwei Pole, einen Nord- und einen Südpol. Das unsichtbare Kraftfeld zwischen den Polen heißt Magnetfeld. Magnetische Metalle und andere Magnete werden zu einem Magnet hingezogen, wenn sie in sein Magnetfeld gelangen.

Südpol

Ein Südpol zieht einen Nordpol an und stößt einen anderen Südpol ab.

Nordpol

Ein Nordpol zieht einen Südpol an und stößt einen anderen Nordpol ab.

Wozu brauchen wir Magnete?

Verkehr

Magnetschwebebahnen gehören zu den schnellsten Zügen der Welt. Dank starker Magnete schweben die Züge ein paar Millimeter über der Fahrspur.

Weg finden

Ein Kompass zeigt die Richtung mit Hilfe des Magnetfelds der Erde an. Die Magnetnadel im Kompass weist immer nach Norden.

Magnetfeld der Erde

Das Magnetfeld der Erde schützt uns vor schädlichen Strahlen aus dem Weltall. Am Nordpol und am Südpol der Erde ist dieses Magnetfeld am stärksten.

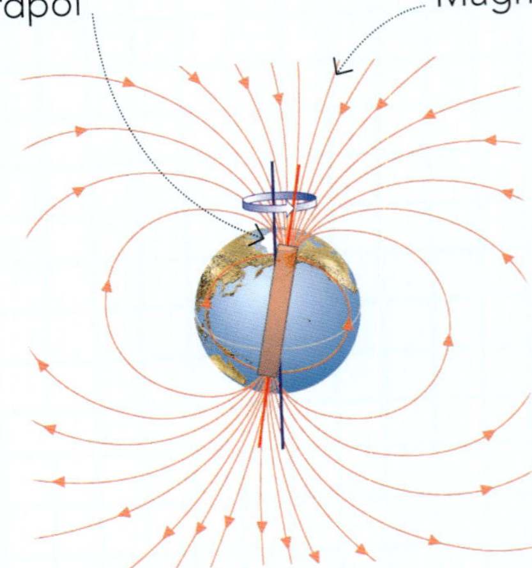

Magnetfelder

Starke Kraft

Die Magnetkraft ist an den Magnetpolen am stärksten.

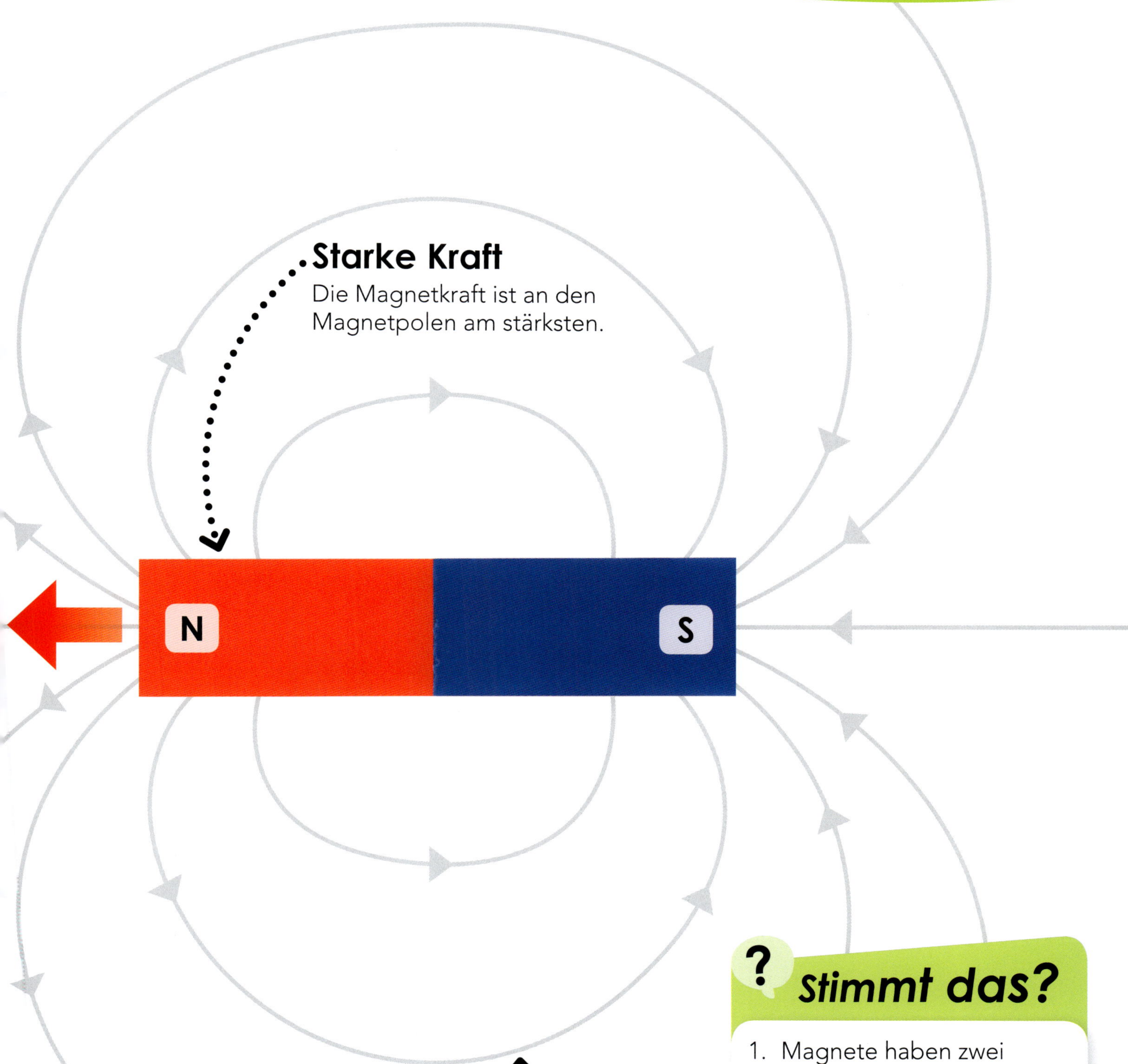

Magnetfeldlinien

Feldlinien zeigen an, wo Magnetkräfte um den Magnet wirken. Ein Objekt muss den Magnet nicht berühren, um angezogen zu werden.

? Stimmt das?

1. Magnete haben zwei Nordpole.
2. Eine Kompassnadel zeigt immer nach Norden.
3. Ein Objekt muss einen Magneten berühren, um angezogen zu werden.

Die Antworten findest du auf S. 132–133.

Wie kann ich Dinge leichter bewegen?

Maschinen helfen uns, Dinge leichter zu bewegen. Eine Maschine verstärkt einen Druck oder einen Zug oder ändert die Richtung einer Bewegung. Hebel, Flaschenzüge und Getriebe sind einfache Maschinen.

Die allererste einfache Maschine war eine keilförmige Axt in der Steinzeit.

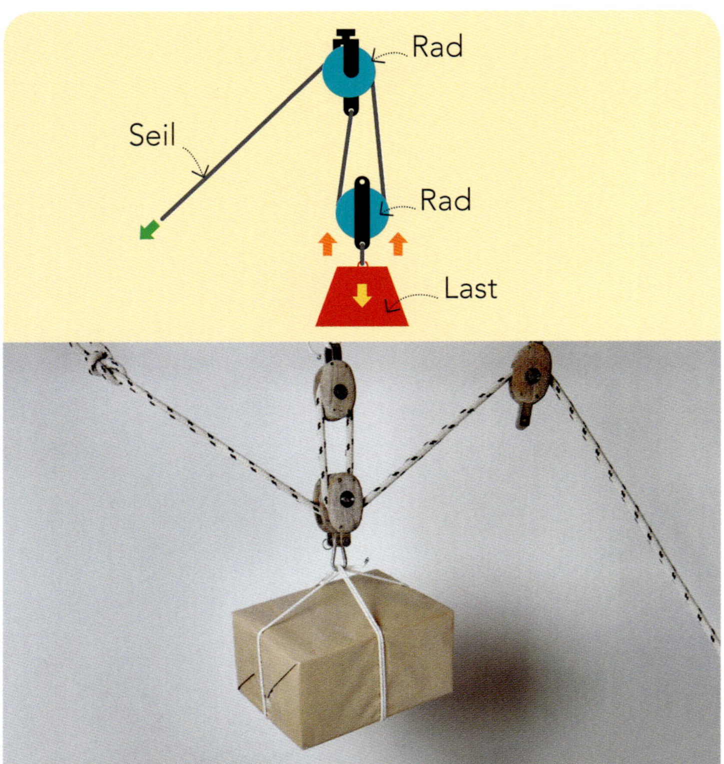

Flaschenzug

Flaschenzüge verringern die Kraft, die du benötigst, um ein schweres Gewicht anzuheben. Je mehr Flaschenzüge du hinzufügst, umso leichter fällt das Heben der Last.

Hebel

Mit einem Hebel wie dieser Wippe kannst du Dinge leichter bewegen. Eine kleine Druckkraf wirkt sich am anderen Ende des Hebels stärker aus als wenn du das Objekt heben würdest.

? Stimmt das?

1. Eine Wippe ist ein Hebel.
2. Die allererste einfache Maschine war eine Axt.
3. Eine Schraube ist eine einfache Maschine.

Die Antworten findest du auf S. 132–133.

Welche einfachen Maschinen gibt es noch?

Schrauben

Schrauben ändern die Richtung einer Kraft. Aus einer Drehbewegung wird ein Druck. Drehst du die Schraube, drückt sie nach unten.

Schubkarren

Die Last einer Schubkarre wird meist von dem Rad und der Achse getragen. So kannst du schwere Lasten leichter befördern.

Getriebe

Getriebe verändern Richtung und Geschwindigkeit einer Drehbewegung. Wenn du z. B. in deine Fahrradpedale trittst, bewegst du die Räder über ein Getriebe.

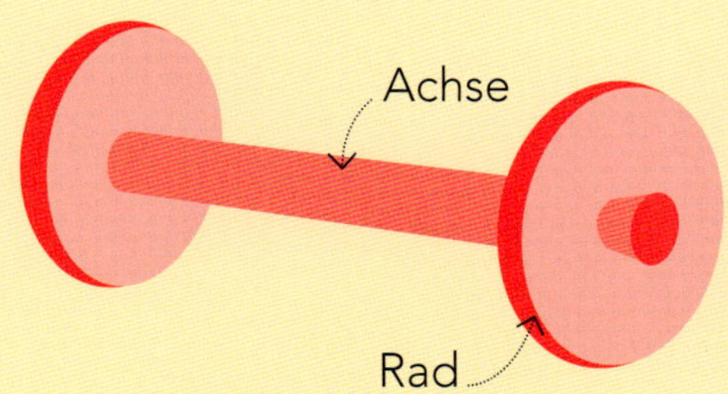

Rad und Achse

Ein Rad ist eine Drehmaschine, mit der du Dinge am Boden leichter bewegen kannst. Achsen verbinden Paare von Rädern.

Wie fahren Autos?

Autos fahren meist mit Benzin. Es wird im Motor in einer Kammer zusammengedrückt. Das Benzin wird angezündet, explodiert und drückt auf einen Kolben, der eine Stange, die Kurbelwelle, zum Drehen bringt. Dadurch bewegen die Räder das Auto vorwärts.

Das erste Auto wurde 1886 vom deutschen Erfinder Carl Benz gebaut.

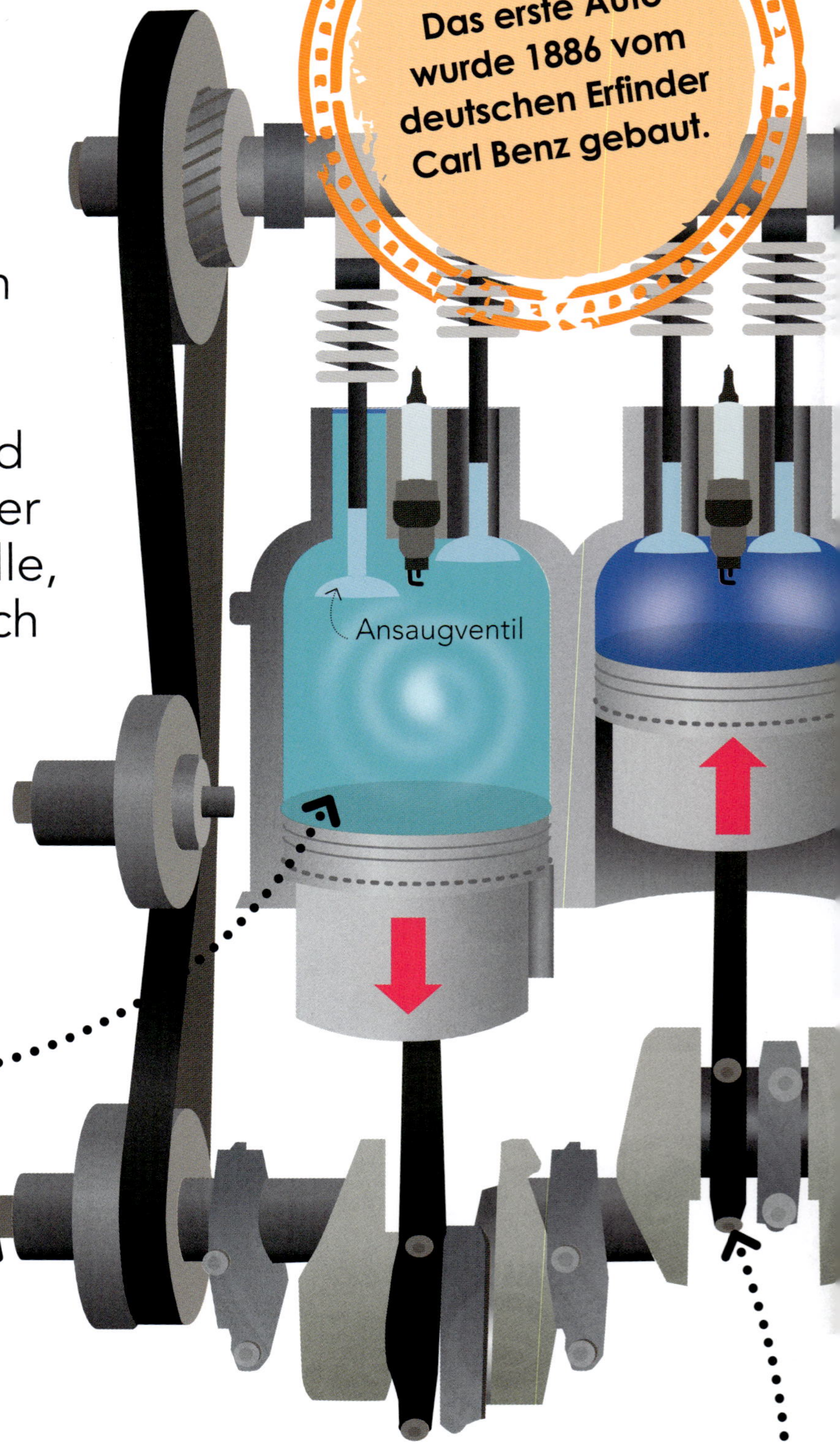

Benzin ansaugen

Wenn sich die Kurbelwelle dreht, senkt sich der Kolben nach unten und Benzin und Luft werden angesaugt.

Kurbelwelle

Die Kurbelwelle nutzt die Auf-und-ab-Bewegung der Kolben, um die Räder zu drehen.

Verdichten

Der Kolben steigt und drückt Benzin und Luft auf engem Raum zusammen. Dabei erhitzen sich das Gemisch.

? Quiz

1. Wer hat das erste Auto gebaut?
2. Was passiert, wenn Luft und Benzin zusammengedrückt werden?
3. Mit was werden Automotoren angetrieben?

Die Antworten findest du auf S. 132–133.

Das Innere eines Autos

Der Motor sitzt im Auto meist vorn. Er treibt die Vorderräder an, die das Auto vorwärts und rückwärts bewegen. Bei Autos mit Allradantrieb werden Vorder- und Hinterräder angetrieben.

Unter der Motorhaube

Abgas

Verbrennendes Benzin setzt Abfallprodukte frei: Kohlendioxid, Dampf und Feinstaub. Der Kolben drückt das Abgas ins Auspuffrohr.

Zünden

Ein elektrischer Funke entzündet das Benzin-Luft-Gemisch. Es explodiert, drückt den Kolben nach unten und die Kurbelwelle dreht sich.

Womit fahren Autos noch?

Diesel

Viele Autos haben Motoren, die mit einem Treibstoff namens Diesel angetrieben werden.

Elektromotor

Manche Automotoren können heute mit Benzin und Strom angetrieben werden, andere fahren nur mit Strom.

Warum fliegen wir nicht davon?

Wir bewegen uns gleichmäßig oder stehen still, bis eine Kraft uns bremst oder beschleunigt.

Eine unsichtbare Kraft zieht uns ständig nach unten – die Schwerkraft. Wenn wir einen Ball hochwerfen, fällt er aufgrund der Schwerkraft wieder zu Boden. Die Schwerkraft verhindert auch, dass wir ins Weltall davonfliegen.

Abheben

Der Skateboarder drückt sich vom Boden ab und damit gegen die Schwerkraft, um abzuheben.

Hochspringen

Springt der Skateboarder in die Luft, bremst ihn die Schwerkraft ab, bis er nicht mehr weiter hochsteigt.

Aufwärtskraft

Wo kannst du die Schwerkraft noch finden?

Sonnensystem

Die Planeten umkreisen unseren Stern, die Sonne. Dank der Schwerkraft der Planeten bleiben sie auf ihrer Bahn. Große Objekte wie Sterne ziehen kleinere Objekte wie Planeten an.

Erdrutsche

Erdrutsche entstehen an Hängen. Werden Erde oder Gestein locker, beginnen sie den Hang hinunterzurutschen. Sie werden durch die Schwerkraft nach unten gezogen.

Fallen

Der Skateboarder bewegt sich immer schneller abwärts, da ihn die Schwerkraft hinabzieht. Dies heißt Beschleunigung.

Sichere Landung

Der Boden stoppt die Abwärtsbeschleunigung und der Skateboarder landet. Er beugt die Beine, um die Aufwärtskraft vom Boden abzufedern.

? Quiz

1. Wie ändert sich die Schwerkraft zwischen Abheben und Landung?
2. Wie nennt man es, wenn etwas schneller wird?
3. Was macht ein Objekt, wenn gleich große Kräfte auf es wirken?

Die Antworten findest du auf S. 132–133.

Propellermaschine
Dreht sich der Propeller, drückt er Luft schneller nach hinten. Es entsteht eine Kraft, der Schub, der das Flugzeug antreibt.

Wie fliegen Flugzeuge?

Beschleunigt ein Flugzeug vor dem Start, rauscht Luft über seine Flügel. Schnelle Luft erzeugt nur geringen Druck. Die Luft unter den Flügeln fließt langsamer. Sie übt einen höheren Druck auf die Flügel aus und drückt das Flugzeug nach oben.

? Quiz

1. Wie hebt die Flügelform ein Flugzeug an?
2. Welche Kraft wirkt dem Auftrieb entgegen?
3. Welche Aufgabe hat das Leitwerk?

Die Antworten findest du auf S. 132–133.

Leitwerk

Das Leitwerk wirkt wie ein Miniflügel. Es verhindert, dass das Flugzeug sich im Kreis dreht, und hält es stabil in der Luft.

Wie fliegen Raketen durch die Luft?

Strahlantrieb

Hebt eine Rakete ab, rauscht Luft unten aus der Rakete. Dies drückt die Rakete entgegengesetzt zur Richtung der Luftbewegung nach oben.

Die Form der Flugzeugflügel drückt Luft nach unten. Man nennt sie Tragflügel.

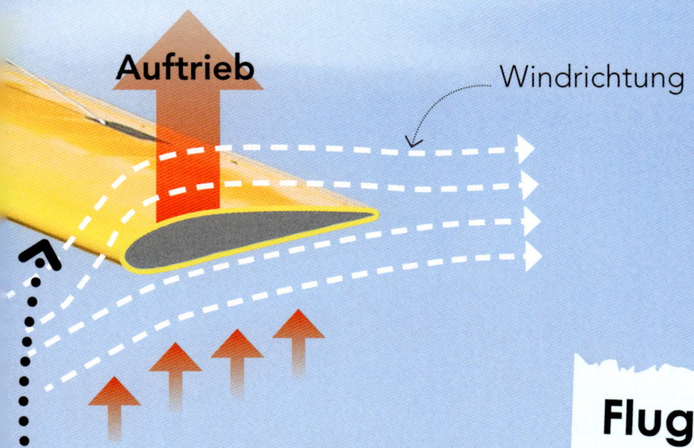

Von langsamer Luft ausgeübter Druck

Flügel

Die Flügelform drückt die vorbeirauschende Luft nach unten. Die Kraft der nach unten fließenden Luft drückt das Flugzeug nach oben. Dies heißt Auftrieb.

Flugkräfte

Vier Hauptkräfte wirken auf ein Flugzeug: Luftwiderstand, Auftrieb, Schub und Gewicht.

Schub ist die Vorwärtskraft am Flugzeug. Er entsteht durch Luft, die in entgegengesetzter Richtung rauscht.

Auftrieb ist die Kraft, die Flugzeuge vom Boden hochhebt. Die Flügel, die Luft nach unten drücken, erzeugen den Auftrieb.

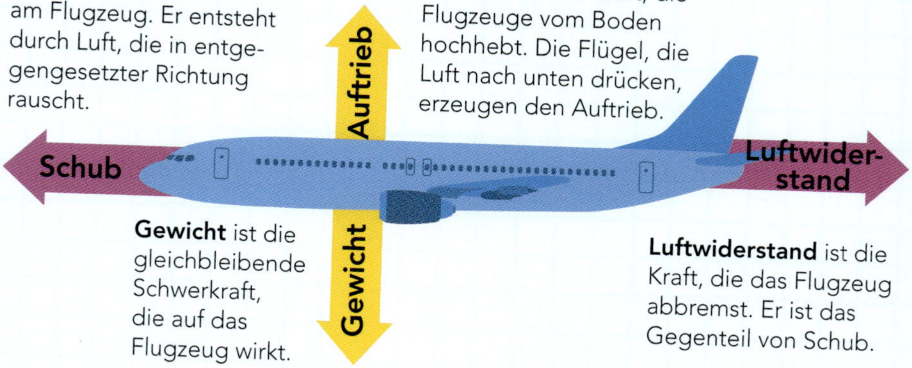

Gewicht ist die gleichbleibende Schwerkraft, die auf das Flugzeug wirkt.

Luftwiderstand ist die Kraft, die das Flugzeug abbremst. Er ist das Gegenteil von Schub.

СОЮЗ ТМА

Unsere Erde

Unsere Erde ist ein Gesteinsplanet, der die Sonne umkreist. Die Erde ist der einzige bekannte Planet mit perfekten Bedingungen für Leben: Es gibt zum Beispiel Wasser und Luft zum Atmen.

Leben im Boden

Tiere wie Tausendfüßer leben im Boden, also in der Erdkruste. Sie graben darin und mischen den Boden durch.

Stimmt das?

1. Der Erdmantel ist die dickste Schicht der Erde.
2. Wir könnten ein Loch bis zum Erdkern bohren.
3. Der Erdkern ist heißer als die Sonne.

Die Antworten findest du auf S. 132–133.

Erdkruste

Die Erdkruste ist eine feste Gesteinsschicht. Unsere Erde ist unter Wasser und an Land von dieser festen Oberfläche bedeckt.

Erdmantel

Die dickste Schicht ist der Erdmantel aus heißem Gestein. Der obere Teil ist Magma, das ist ein zähflüssiger Gesteinsbrei. Den unteren Teil bildet festes Gestein.

Wäre die Erde so groß wie ein Apfel, wäre die Erdkruste so dick wie seine Schale.

Wie tief lässt sich in die Erde graben?

Wir können nur bis in die oberste Erdschicht graben, die Erdkruste. Könnten wir uns durch alle Schichten schaufeln, würden wir durch Erde, festes Gestein, heißes Gestein und flüssiges Metall bis zum festen Metallkern im Erdmittelpunkt gelangen.

Äußerer Kern
Der äußere Kern ist aus flüssigem Nickel und Eisen.

Innerer Kern
Der innere Kern besteht aus heißem Eisen und Nickel. Er ist sogar heißer als die Sonne. Alle Schichten darüber haben ihn zu einem festen Stoff zusammengedrückt.

Woraus besteht die Erdkruste?

Granit
Die Kruste des Festlands besteht meist aus Granit. Sie bildet unseren Erdboden. Auf ihr stehen Berge und Bauwerke.

Basalt
Die dünnere Kruste am Meeresboden ist meist aus Basalt und von Sand und Meerwasser bedeckt.

Warum bebt die Erde?

Die Erdoberfläche besteht aus großen Platten aus Gestein. Diese Platten bewegen sich und manchmal reiben sie dabei aneinander. Verhakt sich das Gestein, wackelt plötzlich der Boden und es entsteht ein Erdbeben.

Erdplatten bewegen sich jährlich um wenige Zentimeter – so schnell, wie Fingernägel wachsen.

Verwerfungen

Risse entlang großer Felsgebiete heißen Verwerfungen. Das können riesige Plattengrenzen oder kleinere Risse an anderen Orten sein.

Quiz

1. Wie weit bewegen sich Erdplatten jährlich?
2. Wie heißen Risse in der Erde?
3. In welche drei Richtungen bewegen sich die Plattengrenzen?

Die Antworten findest du auf S. 132–133.

Arten von Plattengrenzen

Plattengrenzen sind Gebiete, wo sich große Gesteinsplatten treffen und bewegen, und zwar in drei Richtungen.

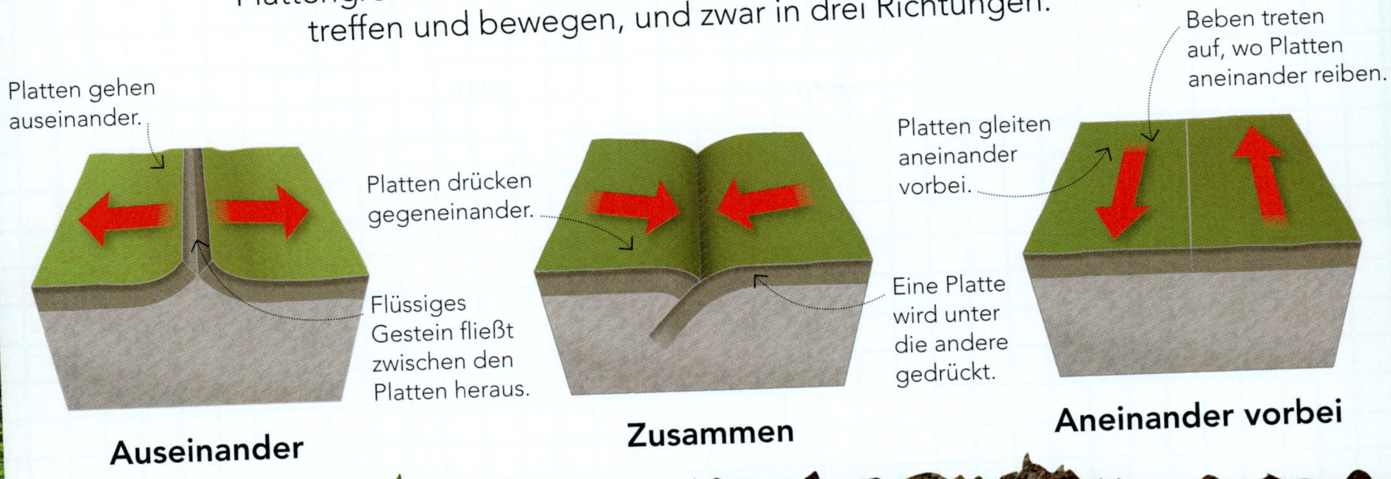

Biegsames Gestein

Gestein kann sich dehnen und biegen, wenn es sich bewegt. Geht es in seine Ausgangsform zurück, dann bebt die Erde.

Wo kommt es am häufigsten zu Erdbeben?

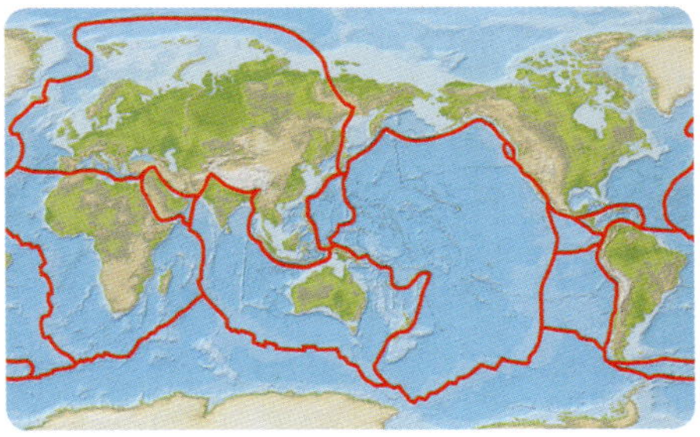

Plattengrenzen

Die Erdoberfläche besteht aus einzelnen riesigen Gesteinsteilen, den sogenannten Kontinentalplatten. Du siehst sie oben in Rot. Die meisten Erdbeben gibt es dort, wo Kontinentalplatten aneinanderreiben.

Wieso regnet es?

Wasser bewegt sich ständig zwischen Land, Flüssen, Luft und Meer im sogenannten Wasserkreislauf. Die Wärme der Sonne treibt den Kreislauf an. Dabei steigt Wasser aus den Meeren in die Luft und fällt schließlich als Regen wieder zur Erde.

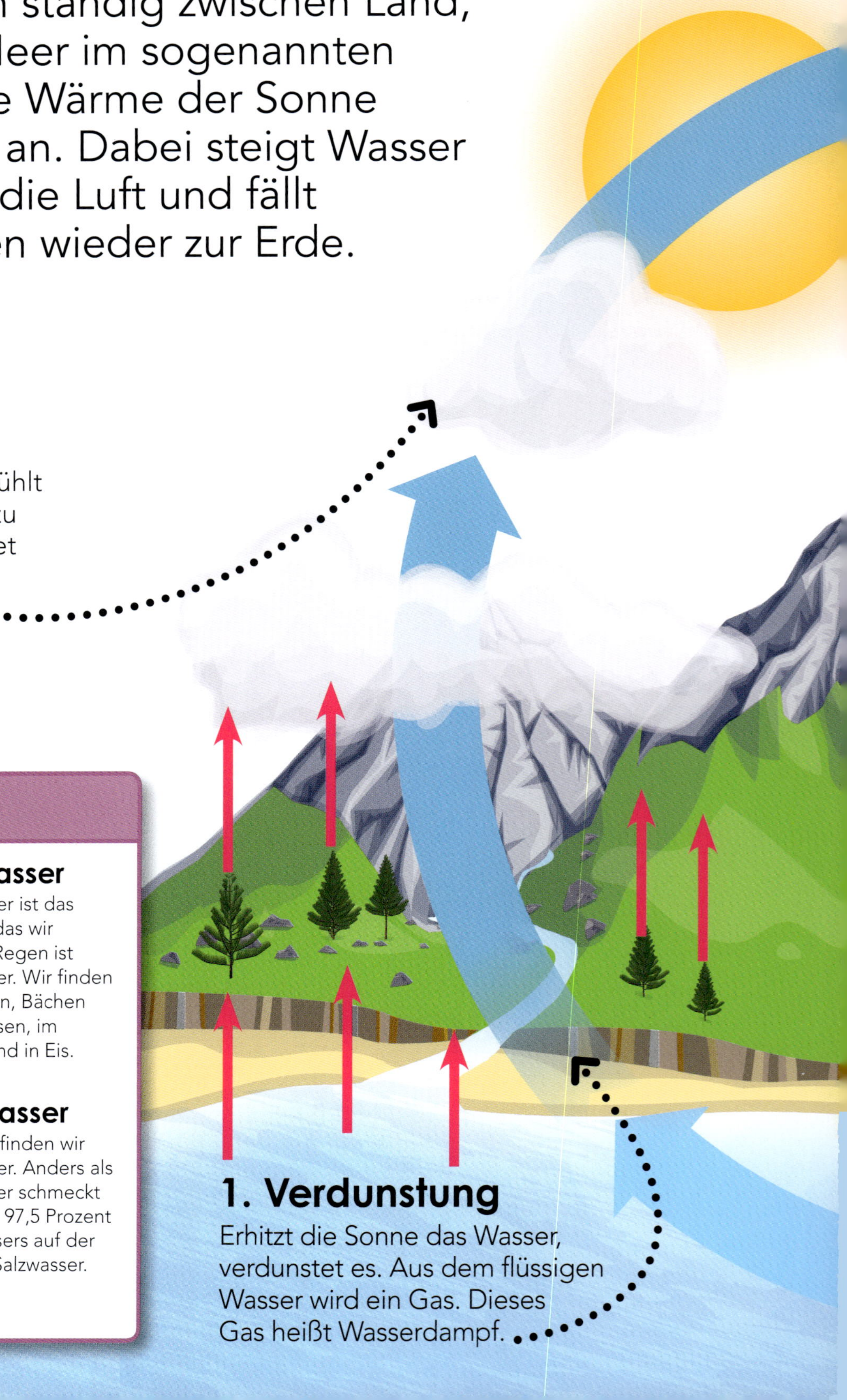

Süß oder salzig?

Süßwasser
Süßwasser ist das Wasser, das wir trinken. Regen ist Süßwasser. Wir finden es in Seen, Bächen und Flüssen, im Boden und in Eis.

Salzwasser
Im Meer finden wir Salzwasser. Anders als Süßwasser schmeckt es salzig. 97,5 Prozent des Wassers auf der Erde ist Salzwasser.

3. Niederschlag

Wenn die Wassertröpfchen schwerer werden als die Luft um sie herum, fallen sie als Regen, Schnee oder Hagel aus den Wolken. Man nennt dies Niederschlag.

Bilderrätsel

In welchen Gegenden der Erde fällt nur wenig Regen?

Die Antwort findest du auf S. 132–133.

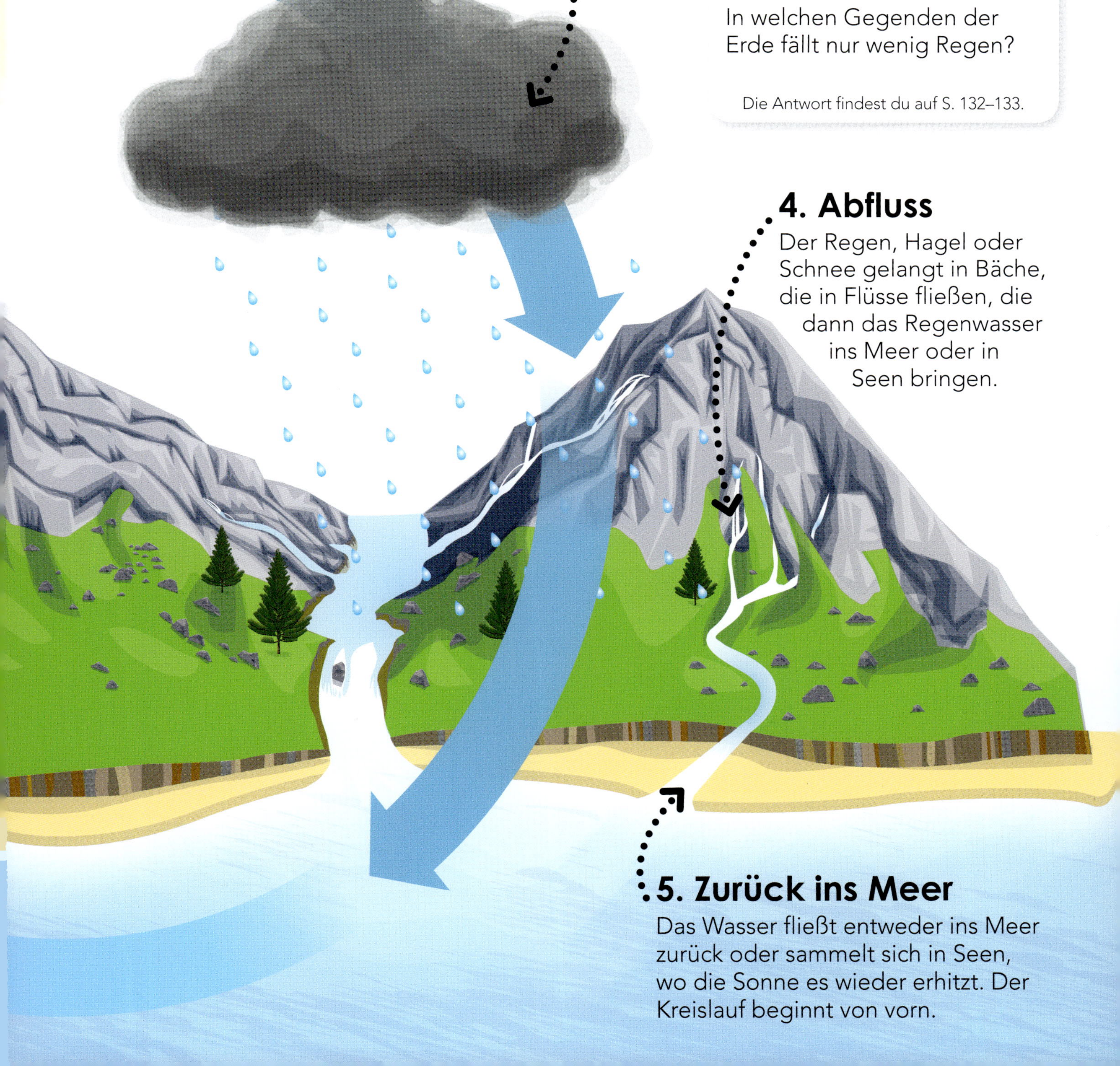

4. Abfluss

Der Regen, Hagel oder Schnee gelangt in Bäche, die in Flüsse fließen, die dann das Regenwasser ins Meer oder in Seen bringen.

5. Zurück ins Meer

Das Wasser fließt entweder ins Meer zurück oder sammelt sich in Seen, wo die Sonne es wieder erhitzt. Der Kreislauf beginnt von vorn.

Wieso ist die Erde blau?

Über zwei Drittel unserer Erde sind von Wasser bedeckt, sodass sie aus dem Weltall betrachtet blau aussieht. Unter den Ozeanen liegen tiefe Gräben, Vulkane und Gebirgszüge. Hier leben viele verschiedene Lebewesen.

Ozeane der Erde

Auf der Erde gibt es fünf Ozeane. Kleinere Meere, Meerbusen und Buchten sind Teile der Ozeane, meist in Landnähe. Über zwei Drittel des Sauerstoffs, den wir atmen, wird im Meer gebildet – durch winzige Pflanzen, das Phytoplankton.

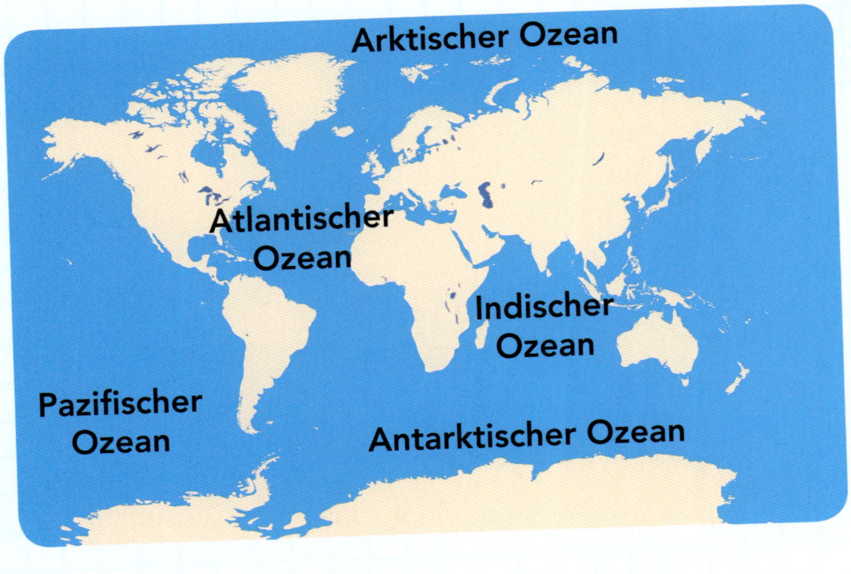

Wolken

Bilder der Erde aus dem All zeigen weiße Wolkenwirbel in der Atmosphäre. Das ist die Lufthülle um unsere Erde.

Wir wissen mehr über die Oberfläche des Planeten Venus als über den Grund der Meere.

Stimmt das?

1. Der größte Ozean ist der Atlantik.
2. In der Dunkelzone der Ozeane herrscht völlige Dunkelheit.
3. Über zwei Drittel der Erde sind von Wasser bedeckt.

Die Antworten findest du auf S. 132–133.

Pazifischer Ozean
Der Pazifik ist der größte Ozean der Erde. Er bedeckt ein Drittel der Erdoberfläche.

Wie tief sind die Ozeane?

Sonnenlichtzone
Diese Zone reicht von der Oberfläche bis in 200 m Tiefe. In diesem hellen Bereich finden wir Korallenriffe und bunte Fische.

Dämmerungszone
Diese Zone reicht von rund 200 m bis in 1000 m Tiefe. Sie ist dunkler als die Sonnenlichtzone.

Dunkelzone
Diese Zone reicht von rund 1000 m bis in 4000 m Tiefe. Hier herrscht völlige Dunkelheit – bis auf die winzig kleinen Lichter von Lebewesen mit Leuchtorganen.

Woher kommt der Wind?

Die Sonne erwärmt die Erdoberfläche. Land erwärmt sich schneller als Wasser und so ist die Luft über dem Land wärmer als über dem Meer. Warme Luft steigt auf, kühlere Luft sinkt ab. Diese Luftbewegung heißt Wind.

Windrichtung

Kalte Luft vom Nord- und Südpol fließt zum Äquator, einer gedachten Linie, die wie ein Gürtel um die Mitte der Erde herumläuft. Unsere Erde dreht sich um sich selbst, sodass die Winde in die entgegengesetzte Richtung nach Westen wehen.

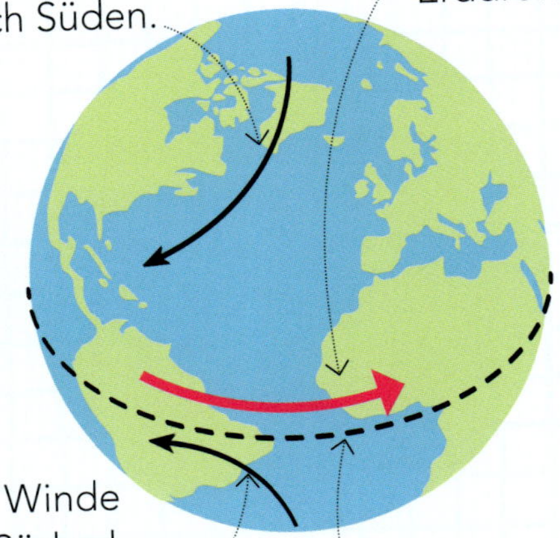

Landluft

Warme Luft über Land steigt auf, da sie leichter ist als kalte Luft. Warmluft schwebt über Kaltluft.

Quiz

1. Warum ist die Luft über Land wärmer als die Luft über dem Meer?
2. Wie heißt die gedachte Linie um die Mitte der Erde?
3. Mit welchem Gerät können wir die Geschwindigkeit des Windes messen?

Die Antworten findest du auf S. 132–133.

Wie können wir Wind messen?

Windsack

Ein Windsack ist ein Gerät, das die Richtung anzeigt, in die der Wind weht. Ein Schlauch wird angehoben, wenn der Wind durchbläst. Du findest Windsäcke vor allem an Flughäfen.

Anemometer

Mit einem Anemometer misst man die Windgeschwindigkeit. Kleine Becher fangen den Wind und drehen sich. Je stärker der Wind weht, desto schneller drehen sie sich.

Luftstrom

Steigt warme Luft auf, kühlt sie sich ab und bildet Wolken, die aufs Meer ziehen.

Sinkende Luft

Kalte, feuchte Luft sinkt, da sie schwerer und dichter ist als warme Luft. Trifft sie auf das Meer, hört die Luft auf zu sinken.

Brise

Kalte Luft wird vom Meer zum Land gesogen, wo die warme Luft aufgestiegen ist. Diese Bewegung nennt man Brise.

Was ist ein Hurrikan?

Hurrikane sind gewaltige Wirbelstürme voller Wolken, Wind und Regen. Sie entstehen, wenn Gewitter über warmem Meerwasser aufeinandertreffen. In der Mitte liegt ein ruhiges Gebiet – das sogenannte Auge des Sturms.

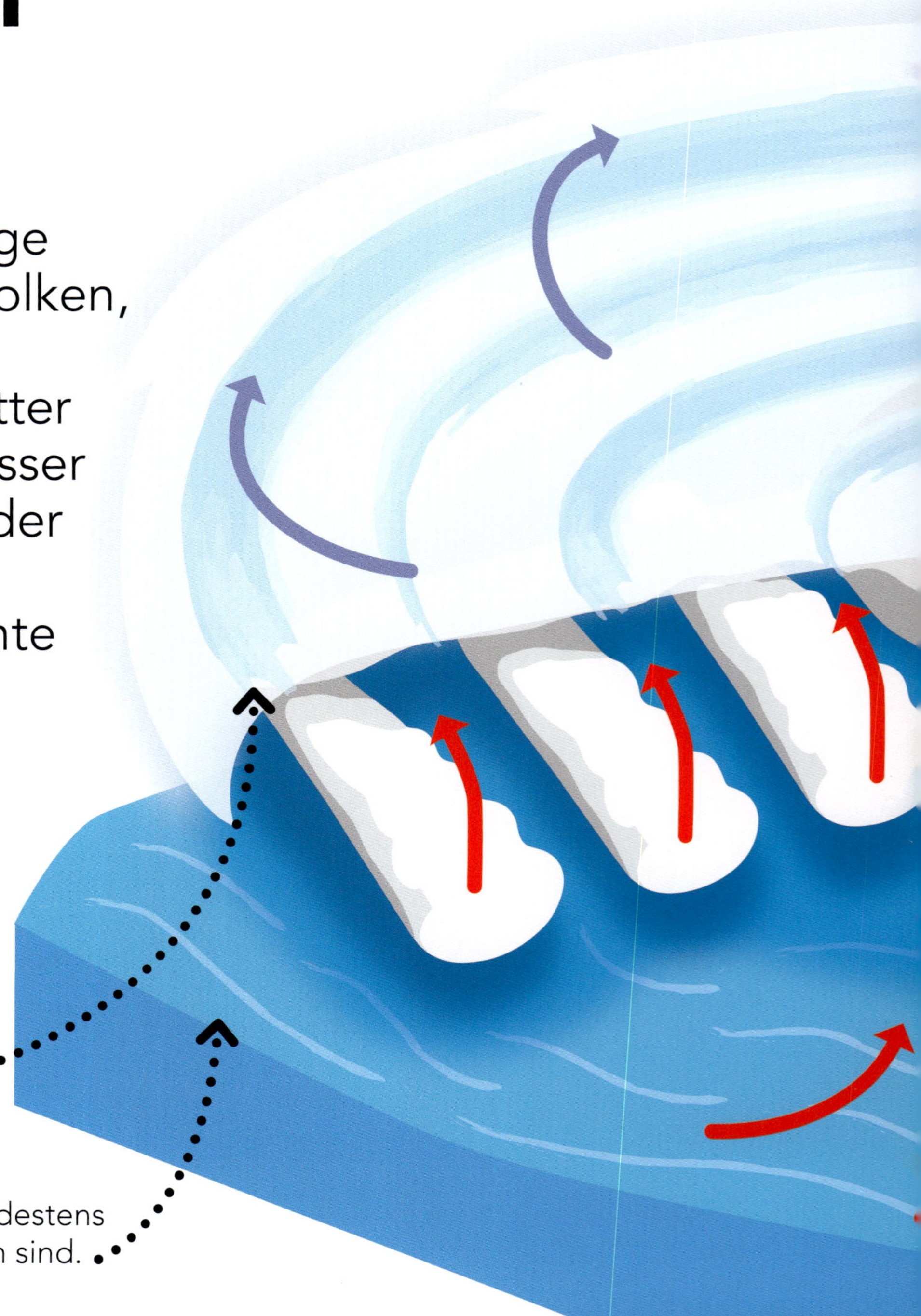

Eiswolken

Wolken treiben aus der Mitte des Hurrikans nach außen und bilden eine Schicht dünner Eiswolken. Diese ziehen genau in die Gegenrichtung der anderen Wolken.

Meeresgewässer

Hurrikane entstehen, wo Meere mindestens 60 m tief und mindestens 27 °C warm sind.

Warum fürchten wir uns vor Hurrikans?

Schäden

Hurrikane sind so stark, dass sie ganze Gebäude und die Strom- und Wasserversorgung zerstören können. Das kann viele Menschenleben kosten. Die Menschen haben danach außerdem oft keine Häuser und Arbeitsstätten mehr.

Überflutungen

Hurrikane können riesige Wellen verursachen, die Küstenstädte überschwemmen. Bei einem Hurrikan kann in wenigen Stunden so viel Regen fallen wie sonst in einem Monat.

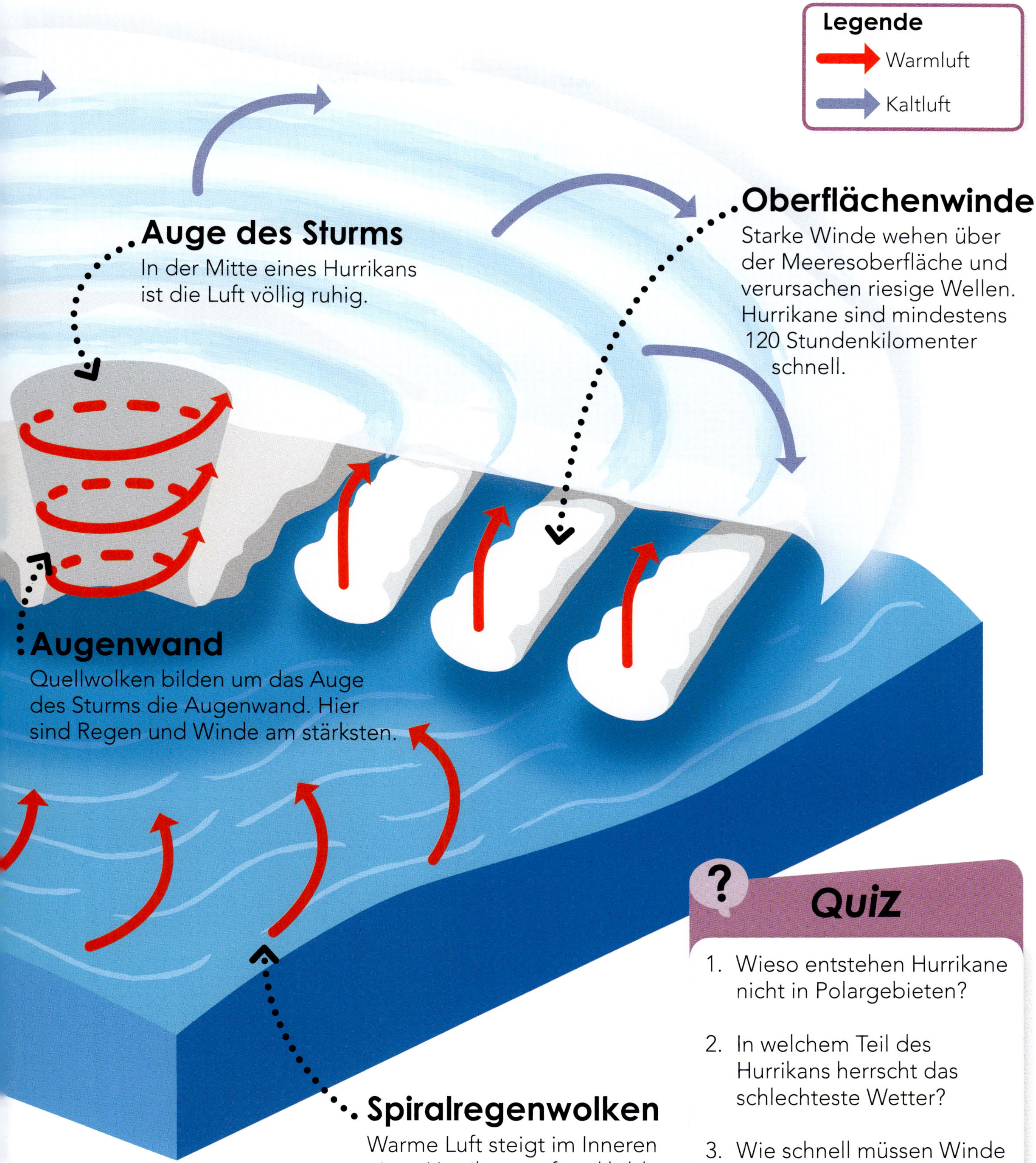

Auge des Sturms

In der Mitte eines Hurrikans ist die Luft völlig ruhig.

Oberflächenwinde

Starke Winde wehen über der Meeresoberfläche und verursachen riesige Wellen. Hurrikane sind mindestens 120 Stundenkilomenter schnell.

Augenwand

Quellwolken bilden um das Auge des Sturms die Augenwand. Hier sind Regen und Winde am stärksten.

Spiralregenwolken

Warme Luft steigt im Inneren eines Hurrikans auf und bildet riesige Kreise um seine Mitte.

Quiz

1. Wieso entstehen Hurrikane nicht in Polargebieten?
2. In welchem Teil des Hurrikans herrscht das schlechteste Wetter?
3. Wie schnell müssen Winde sein, um Hurrikan genannt zu werden?

Die Antworten findest du auf S. 132–133.

Wo endet die Erde?

Die Erde umkreisender Satellit

Die Erde ist zum Schutz von einer Lufthülle aus Gasschichten umgeben, die man Atmosphäre nennt. Rund 100 Kilometer über dem Meeresspiegel endet die Erdatmosphäre und das Weltall beginnt. Diese Grenze heißt Kármán-Linie.

Exosphäre

In dieser letzten Schicht findest du immer weniger Luft. Sie geht ins luftleere Weltall über.

Thermosphäre

Dies ist die vorletzte Atmosphärenschicht. Hier findest du die Kármán-Linie. Diese Schicht kann extrem heiß sein, bis zu 2000 °C.

Wer hat noch eine Atmosphäre?

Jupiter

Jupiter ist ein Planet aus Gas. Seine dichte Atmosphäre besteht aus Wasserstoff, Helium, Methan und Ammoniakgasen.

Merkur

Merkur ist ein Gesteinsplanet mit nur wenig Schwerkraft und fast keiner Atmosphäre. Der Sonnenwind weht die Gase um Merkur weg.

? *Stimmt das?*

1. Die Atmosphäre ist eine Schutzhülle für unseren Planeten Erde.
2. Die Erde ist der einzige Planet mit einer Atmosphäre.
3. Die Stratosphäre schützt die Erde vor der Sonne.

Die Antworten findest du auf S. 132–133.

Mesosphäre

In diesem kältesten Teil der Erdatmosphäre verglühen Meteore, bevor sie auf der Erde auftreffen können.

Stratosphäre

Die Stratosphäre enthält die Ozonschicht. Sie schützt die Erde und lässt die Sonnenstrahlen abprallen.

Troposphäre

In dieser Schicht entsteht das Wetter. Nur in ihr können wir normal atmen.

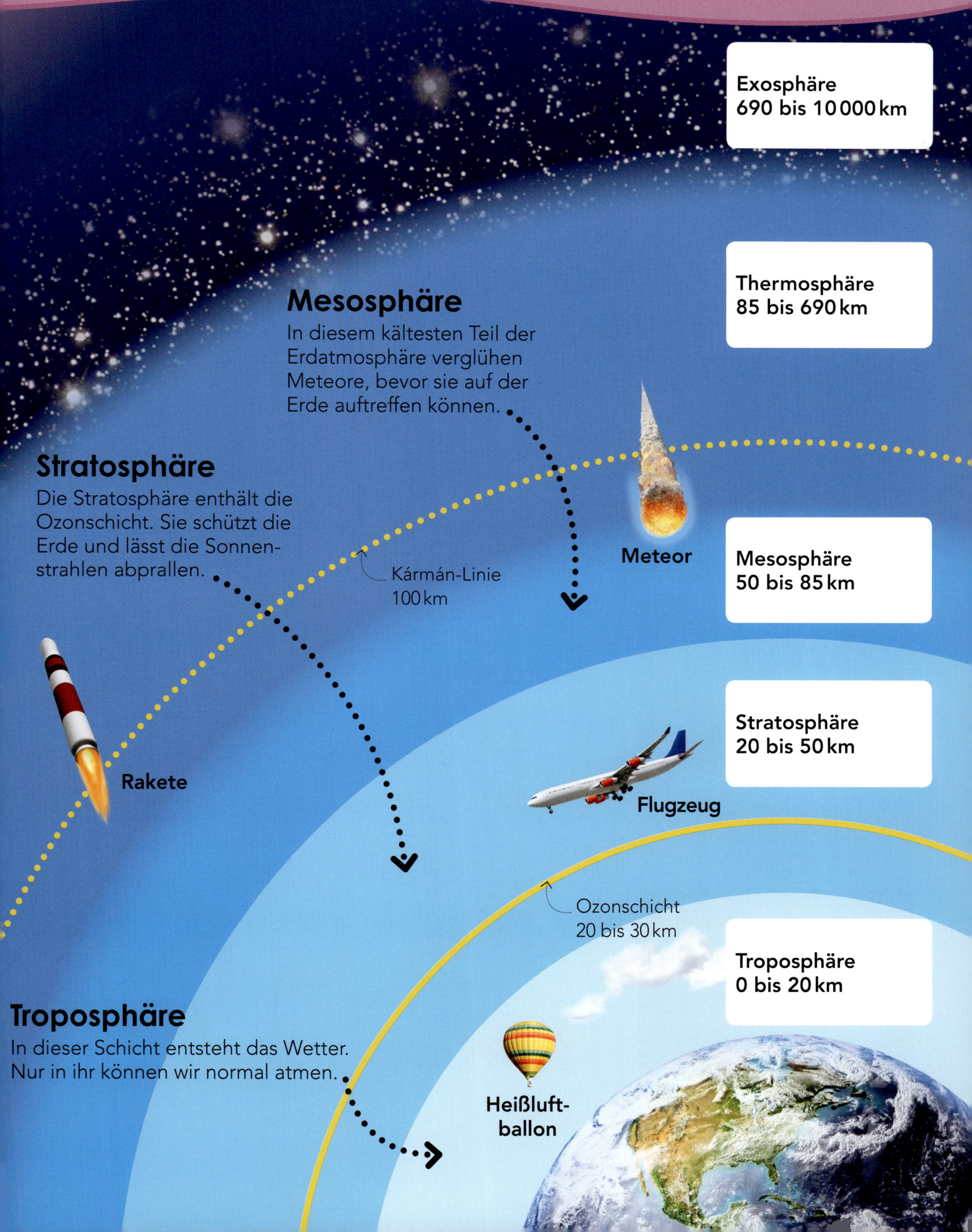

Wieso sieht der Mond immer anders aus?

Der Mond braucht rund 28 Tage, um einmal um die Erde zu kreisen. Je nachdem, wo er gerade ist, wird unterschiedlich viel Sonnenlicht von seiner Oberfläche zurückgestrahlt. Deswegen sieht er für uns immer anders aus.

Welche anderen Planeten haben auch Monde?

Jupiter

Jupiter hat 79 Monde. Auf dem Mond Io gibt es viele aktive Vulkane. Der Mond Europa ist von Eis bedeckt.

Saturn

Saturn hat mindestens 53 Monde. Der Mond Titan besteht aus Eis und Gestein und ist von einer Gasschicht umgeben.

Hell und dunkel

Die Seite des Mondes, die zur Sonne zeigt, wird angeleuchtet, die andere liegt im Schatten.

Mondphasen

Von der Erde aus gesehen, scheint der Mond auf seiner monatlichen Reise die Form zu ändern.

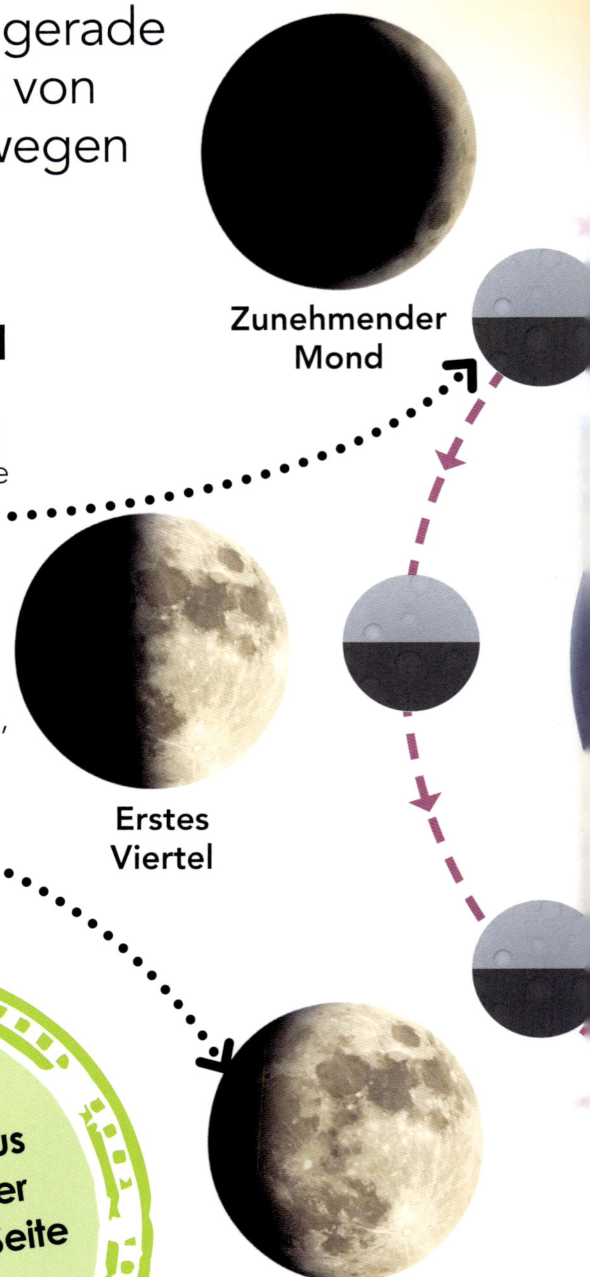

Von der Erde aus sehen wir immer nur die gleiche Seite des Mondes.

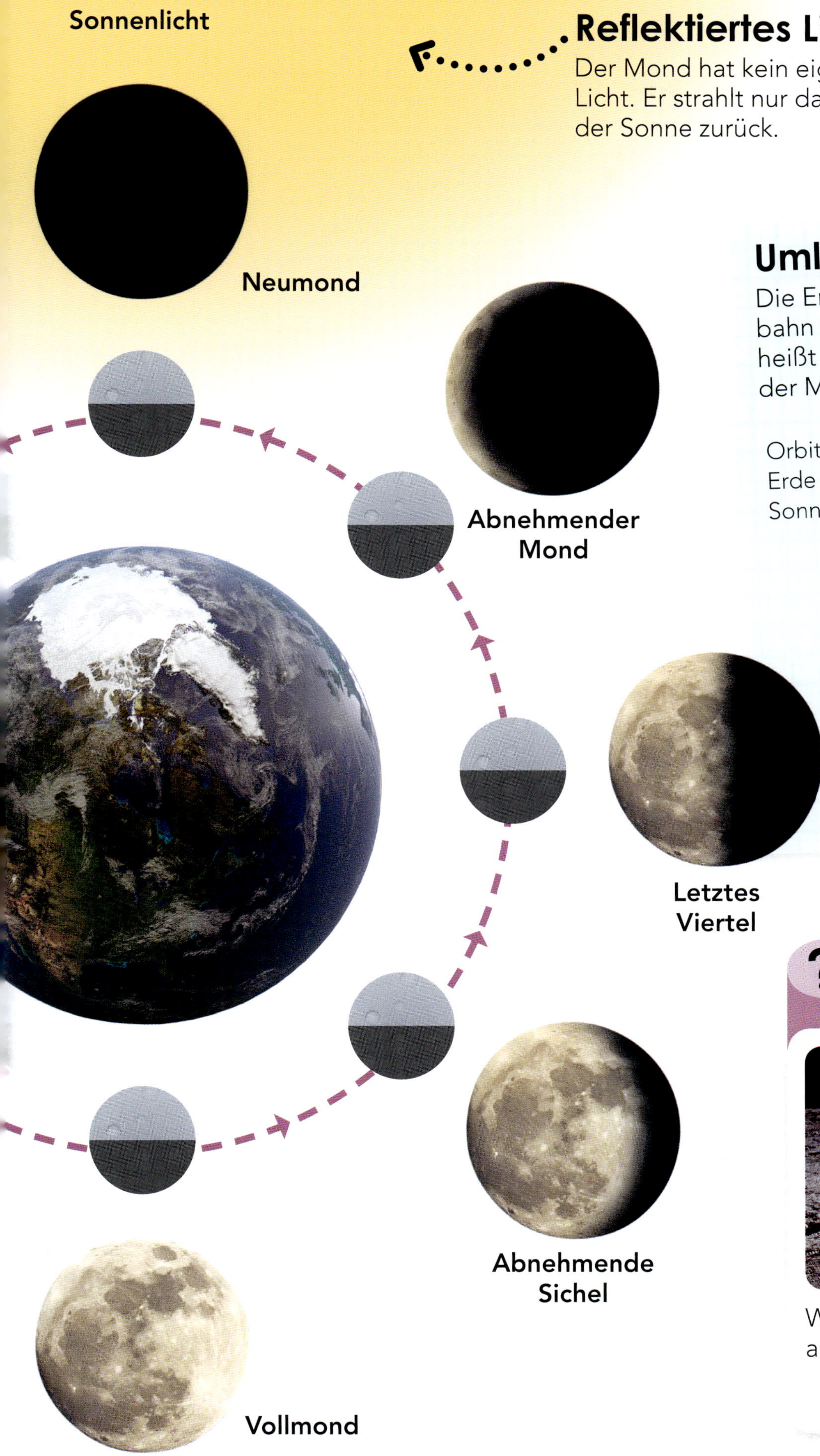

Reflektiertes Licht

Der Mond hat kein eigenes Licht. Er strahlt nur das Licht der Sonne zurück.

Umlaufbahn

Die Erde kreist auf einer Umlaufbahn um die Sonne. Diese Bahn heißt Orbit. Gleichzeitig umrundet der Mond die Erde in einem Orbit.

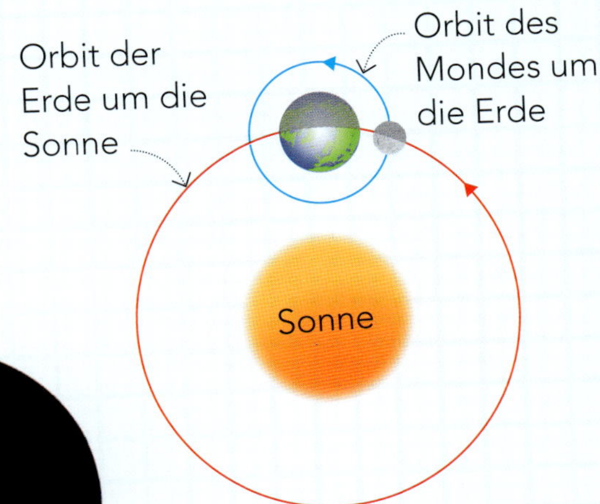

Erd- und Mondumlaufbahn

? Bilderrätsel

Wer war der erste Mensch auf dem Mond?

Die Antwort findest du auf S. 132–133.

Können wir auf anderen Planeten leben?

Damit Leben auf einem Planeten möglich ist, müssen dort bestimmte Bedingungen herrschen. Dazu braucht es zum Beispiel flüssiges Wasser, Sauerstoff zum Atmen und Nahrung, aber auch die richtige Temperatur, Schutz vor schädlichen Strahlen und das richtige Maß an Schwerkraft.

Zu heiß

Wegen seiner dichten, giftigen und heißen Atmosphäre ist der Planet Venus der heißeste Planet im Sonnensystem.

Venus

Heiß und kalt

Merkur hat keine Atmosphäre. Er ist auf der Seite zur Sonne hin zu heiß für Leben und auf der abgewandten Seite zu kalt.

Merkur

Sonne

Der rote Planet

Der Mars hat kaum eine Atmosphäre, die die Sonnenwärme halten könnte. Sie prallt einfach ins All zurück. Damit ist es auf dem Mars zu kalt für Leben.

Mars

Erde

Forscher haben flüssiges Wasser auf dem Mars entdeckt, jedoch keine Spuren von Leben.

Perfekte Bedingungen

Die Erde hat eine Atmosphäre, flüssiges Wasser und die richtige Schwerkraft. Sie befindet sich in der „Lebenszone“ der Sonne, wo es nicht zu heiß, aber auch nicht zu kalt für Leben ist.

Gibt es andere Planeten, die der Erde ähnlich sind?

Kepler 186f

Dieser erdähnliche Planet hat eine Felsoberfläche und vielleicht auch Wasser. Doch wir würden 500 Jahre brauchen, um dorthin zu reisen, selbst mit Lichtgeschwindigkeit.

Kepler 452b

Dieser Planet ist etwa so groß wie die Erde und umrundet einen sonnenähnlichen Stern. Er liegt in der „Lebenszone" seines Sonnensystems, doch man weiß noch nicht, ob es Wasser auf ihm gibt.

Jupiter

Gasriesen

Die vier äußeren Planeten unseres Sonnensystems sind aus Gas und haben daher keine feste Oberfläche. Ihre Schwerkraft ist so stark, dass wir zerquetscht werden würden.

Quiz

1. Welcher Planet ist der heißeste?
2. Warum reisen wir nicht zu Planeten außerhalb unseres Sonnensystems?
3. Woraus bestehen die vier äußersten Planeten des Sonnensystems?

Die Antworten findest du auf S. 132–133.

Uranus

Saturn

Neptun

Was liegt im Weltall?

Das All ist ein riesiger und meist leerer Raum. Es ist dunkel dort, da es riesige Lücken zwischen den Objekten, wie zum Beispiel Sternen, gibt. Das All dehnt sich ständig weiter aus. Wir wissen nicht, wo es aufhört oder ob es überhaupt ein Ende hat.

Galaxien

Gruppen von Milliarden Sternen heißen Galaxien. In ihrer Mitte liegen in sich zusammengefallene Sterne, die Schwarzen Löcher.

Dunkle Materie

Forscher glauben, dass es einen unsichtbaren Stoff, die dunkle Materie, und eine unsichtbare Kraft, die dunkle Energie, gibt. Das All besteht größtenteils aus dunkler Materie und Energie.

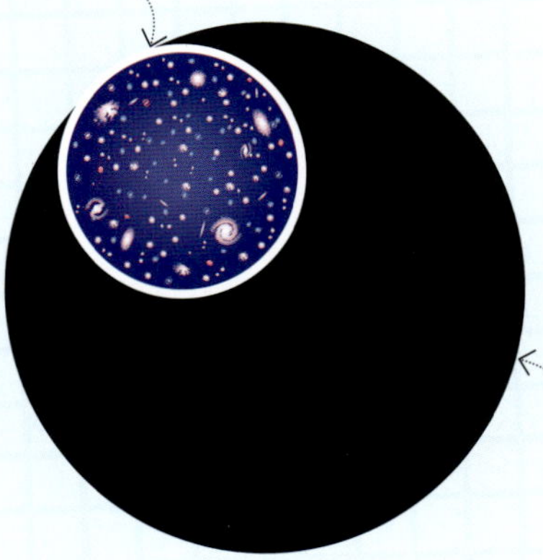

Könntest du mit einem Auto aufwärts in die Luft fahren, wärst du etwa in 1 Stunde im All.

Stimmt das?

1. Galaxien bestehen aus Sternen.
2. Schwarze Löcher sind in sich zusammengefallene Sterne.
3. Das All besteht fast nur aus Sternen.

Die Antworten findest du auf S. 132–133.

Sterne

Es gibt viele verschiedene Arten von Sternen. Manche sind noch jung, andere explodieren am Ende ihres Lebens. Sie leuchten, da sie bei hoher Temperatur Gase verbrennen.

Womit können wir tief ins All blicken?

Teleskope auf der Erde

Große Teleskope, das sind Superfernrohre, mit denen man bis ins All schauen kann, machen Bilder vom Weltraum.

Hubble-Weltraumteleskop

Das Hubble-Teleskop schwebt im All. Es macht Bilder vom Weltraum, ohne das störende künstliche Licht der Erde.

Wie können wir ins Weltall reisen?

Zum ersten Mal sind Menschen in den 1960er-Jahren mit Raketen ins All gereist. Da die Schwerkraft Dinge nach unten zieht, muss eine Weltraumrakete stark und schnell genug sein, um von der Erde wegzukommen. Sie fliegt mit 40 000 Stundenkilometern – 125 Mal schneller als ein Rennauto.

Kapsel
Die sogenannte *Sojus*-Kapsel schützt Menschen vor Sonnenstrahlen und der Hitze, die entsteht, wenn die Rakete durch die Erdatmosphäre schießt.

Startraketen
Hilfsraketen treiben die Rakete beim Start an. Gas strömt unten aus den Startraketen heraus und lässt die Rakete hochschießen. Später fallen die Hilfsraketen ab.

In der Kapsel
Die Rakete befördert bis zu drei Astronauten und Vorräte zur Internationalen Raumstation. Die Astronauten müssen Nahrung, Wasser und Luft mitnehmen.

Was tun Menschen im Weltall?

Satelliten reparieren
Tausende von Satelliten umkreisen die Erde. Sie helfen uns bei der Wettervorhersage und übertragen z. B. Telefon- oder Fernsehsignale.

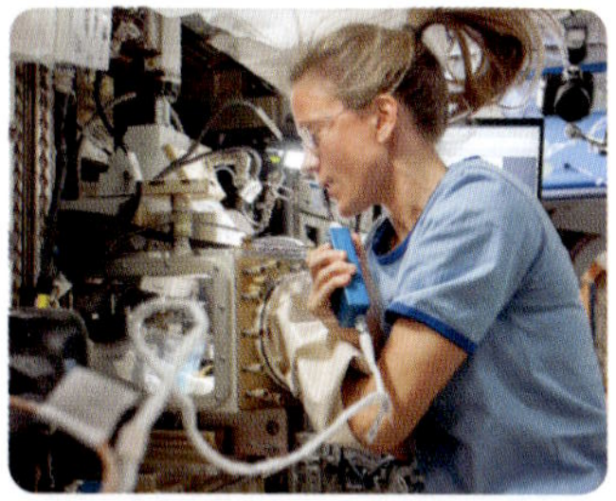

Experimente
Astronauten besuchen die Internationale Raumstation (ISS), eine Art riesiges Weltraumlabor. Dort leben sie monatelang und führen Experimente durch.

Startturm

Starttürme halten und stützen die Raketen vor dem Start. Beim Abheben geben sie sie frei.

Raketenpower

Die Rakete bringt die Kapsel ins All, trennt sich von ihr und kehrt zur Erde zurück. Währenddessen fliegt die Kapsel weiter.

Das Wort Astronaut bedeutet „Sternenfahrer".

Raumanzüge

Im All gibt es keine Luft, daher müssen Astronauten Luft mitnehmen, wenn sie das Raumschiff verlassen. Ein Raumanzug enthält Sauerstoff, schützt den Körper vor schädlicher Weltraumstrahlung und hält ihn in der extremen Kälte des Alls warm.

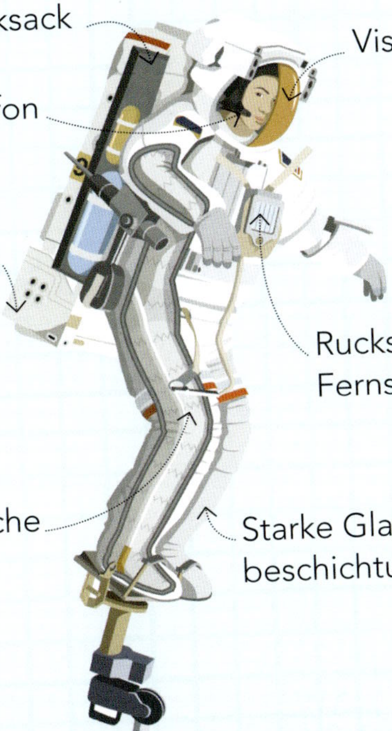

Quiz

1. Was müssen Astronauten in der Kapsel des Raumschiffs mitnehmen?
2. Was bedeutet das Wort Astronaut?
3. Warum müssen Raketen so stark sein?

Die Antworten findest du auf S. 132–133.

Antworten

Seite 7 1) Falsch. Biologie ist die Wissenschaft von den Lebewesen. 2) Stimmt.

Seite 10 1) Stimmt. Riesenschildkröten können über 200 Jahre alt werden. 2) Stimmt. 3) Stimmt.

Seite 13 Zu den Wirbellosen.

Seite 15 1) Stimmt. 2) Falsch. Es gibt drei Formen von Bakterien. 3) Falsch. Es gibt über 100000 Bakterien auf jedem Quadratzentimeter deiner Haut.

Seite 17 1) Stimmt. 2) Falsch. Pflanzen brauchen Licht zum Wachsen. 3) Stimmt.

Seite 19 1) Stimmt. 2) Stimmt. 3) Falsch. Spinnen haben haarartige Häkchen an den Füßen.

Seite 21 1) Falsch. Ausgewachsene Insekten haben meist Flügel, Spinnen nicht. 2) Stimmt. 3) Stimmt.

Seite 23 Strauß.

Seite 25 1) Falsch. Manche Säugetiere leben im Meer. 2) Falsch. Nur Säugetiere haben ein Fell am Körper. 3) Stimmt.

Seite 27 1) Falsch. Löwinnen beteiligen sich am meisten an der Jagd. 2) Stimmt. 3) Falsch. In Australien gibt es keine wilden Löwen – Löwen leben in Afrika, wenige auch in Asien.

Seite 29 1) Stimmt. 2) Stimmt. 3) Stimmt.

Seite 31 1) Falsch. Pinguine leben in der Antarktis, nicht in der Arktis. 2) Stimmt. 3) Falsch. Eisbären leben in der Arktis.

Seite 32 1) Fossilien sind sehr selten, da tote Dinosaurier meist gefressen wurden oder verwesten. 2) Wissenschaftler, die Dinosaurier erforschen, heißen Paläontologen. 3) Koprolith.

Seite 37 1) Die Darmzellen. 2) Das Verdauungssystem. 3) Durch Muskeln.

Seite 39 1) Stimmt. 2) Stimmt. 3) Falsch. Jeder Mensch hat einzigartige Fingerabdrücke.

Seite 41 1) 22 Knochen. 2) Das Knochenmark. 3) Der Oberschenkelknochen.

Seite 43 1) Stimmt. 2) Stimmt. 3) Falsch. Muskeln ziehen nur und drücken nicht.

Seite 45 1) Den Sauerstoff, den wir brauchen, produzieren Pflanzen. 2) Kiemen. 3) Durch die Luftröhre.

Seite 47 1) Stimmt. 2) Falsch. Blutzellen entstehen in Knochen. 3) Stimmt.

Seite 48 1) Durch Magensäure. 2) Für Energie brauchen wir Kohlehydrate. 3) Essen braucht 1 Tag bis 3 Tage, um ganz durch den Körper zu wandern.

Seite 51 1) Fünf Sinne: Riechen, Schmecken, Hören, Sehen, Fühlen. 2) Zwei Hälften. 3) Zentralnervensystem.

Seite 53 1) Die oberste Hautschicht wird jeden Monat ersetzt. 2) Eine Kruste. 3) Sie bekämpfen eindringende Keime.

Seite 55 1) Weiße Blutkörperchen. 2) Magensäure tötet Keime ab. 3) Tränen spülen Keime weg.

Seite 59 1) Die Neutronen. 2) Kernenergie. 3) Moleküle.

Seite 60 1) Wasser. 2) Bei einem Feststoff. 3) Große Eisschichten.

Seite 63 1) Salzpfanne. 2) Nein, das Wasser in Flüssen und Seen ist Süßwasser. 3) Verdunstung.

Seite 65 Es bildet sich Rost.

Seite 67 1) Stimmt. 2) Falsch. Weniger als 20 Prozent Plastik werden wiederverwendet. 3) Stimmt.

Seite 69 1) Stimmt. 2) Stimmt. 3) Falsch. Jedes Feuerwerk funktioniert dank chemischer Reaktionen.

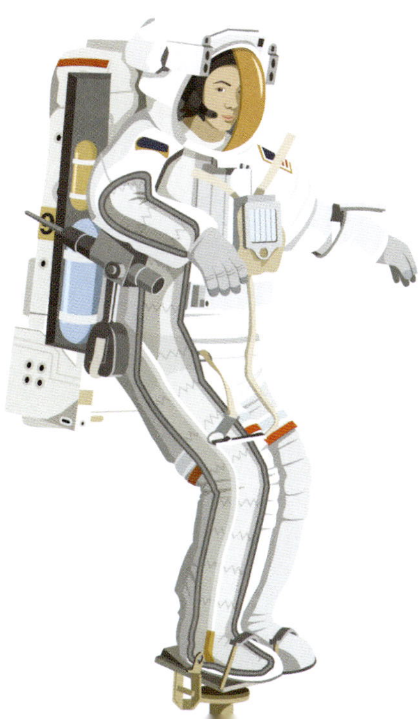

Seite 71 1) Stimmt. 2) Stimmt. 3) Stimmt.

Seite 75 1) Von der Sonne. 2) Generator. 3) Kernenergie.

Seite 77 Ein Schatten ist ein Bereich, wo Licht von einem Objekt daran gehindert wird, von einer Oberfläche zurückzustrahlen.

Seite 79 1) Ja, Schall geht durch feste Dinge, Flüssigkeiten und Gase. 2) Fledermäuse nutzen Schall, der von Dingen abprallt, und ihnen sagt, wo Hindernisse sind. 3) Nein, da es dort keine Luft gibt.

Seite 81 1) Die Sonne. 2) Konduktion. 3) Lava ist flüssiges Gestein.

Seite 83 1) Mit Windrädern. 2) Aus Elektronen – bewegliche geladene Teilchen. 3) Statische Elektrizität.

Seite 85 Eine Sicherung ist eine Schutzvorrichtung. Fließt zu viel Strom, unterbricht sie den Stromkreis.

Seite 87 1) Stimmt. 2) Stimmt. 3) Falsch. Positive Ladungen stoßen einander ab.

Seite 89 1) Stimmt. 2) Falsch. Dein Dynamo wird durch Treten in die Pedale angetrieben. 3) Stimmt.

Seite 90 1) Stimmt. 2) Falsch. Kohle wird tief im Boden gebildet. 3) Stimmt.

Seite 95 1) Stimmt. 2) Stimmt. 3) Falsch. Sind Kräfte gleich groß, bleibt ein Objekt ruhig liegen oder bewegt sich mit gleicher Geschwindigkeit weiter.

Seite 97 1) Stimmt. 2) Stimmt. 3) Stimmt.

Seite 99 1) Falsch. Magnete haben einen Nordpol und einen Südpol. 2) Stimmt. 3) Falsch. Es genügt, wenn sich das Objekt im Magnetfeld befindet.

Seite 101 1) Stimmt. 2) Stimmt. 3) Stimmt.

Seite 102 1) Carl Benz. 2) Das Benzin-Luft-Gemisch erhitzt sich. 3) Autos fahren mit Benzin, Strom, Gas oder Diesel.

Seite 105 1) Gar nicht – Schwerkraft ist eine gleich bleibende Kraft. 2) Beschleunigung. 3) Das Objekt bewegt sich gleichförmig weiter oder ruht.

Seite 106 1) Die Flügelform drückt Luft nach unten. Das Flugzeug steigt dadurch auf. 2) Die Schwerkraft. 3) Es hält das Flugzeug stabil in der Luft.

Seite 110 1) Stimmt. 2) Falsch. Wir können nur bis in die oberste Erdschicht graben, die Kruste. 3) Stimmt.

Seite 112 1) Erdplatten bewegen sich jährlich um wenige Zentimeter. 2) Verwerfungen. 3) Auseinander, zusammen und aneinander vorbei.

Seite 115 In Wüsten.

Seite 117 1) Falsch. Der größte Ozean ist der Pazifik. 2) Stimmt. 3) Stimmt.

Seite 119 1) Land erwärmt sich schneller als Wasser. 2) Äquator. 3) Anemometer.

Seite 121 1) Hurrikane entstehen nur in warmer, feuchter Luft. 2) In der Augenwand. 3) Winde müssen mindestens 120 km/h erreichen, um als Hurrikan zu gelten.

Seite 122 1) Stimmt. 2) Falsch. Andere Planeten wie Jupiter und Merkur haben auch eine Atmosphäre. 3) Stimmt.

Seite 125 Neil Armstrong.

Seite 127 1) Venus. 2) Planeten außerhalb unseres Sonnensystems sind zu weit für uns entfernt. 3) Aus Gas.

Seite 129 1) Stimmt. 2) Stimmt. 3) Falsch. Das All besteht überwiegend aus leerem Raum.

Seite 131 1) Wasser, Nahrung und Luft. 2) Sternenfahrer. 3) Weil sie der Schwerkraft der Erde entkommen müssen.

Weißt du das?

Wer weiß am meisten über Natur und Technik? Mit diesen Fragen kannst du dich und deine Freunde testen. Die Antworten findest du auf Seite 136–137.

Fragen:

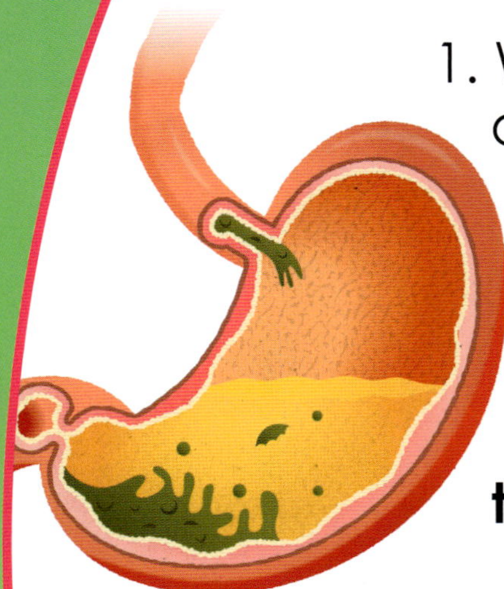

1. Wie heißt die **Flüssigkeit** in unserem **Magen,** die **Keime tötet**?

6. In welchen **Stoffen** liegen alle **Teilchen** dicht an dicht fest an ihrem Platz?

9. Welche **Elektrizität** lässt unser Haar **abstehen**?

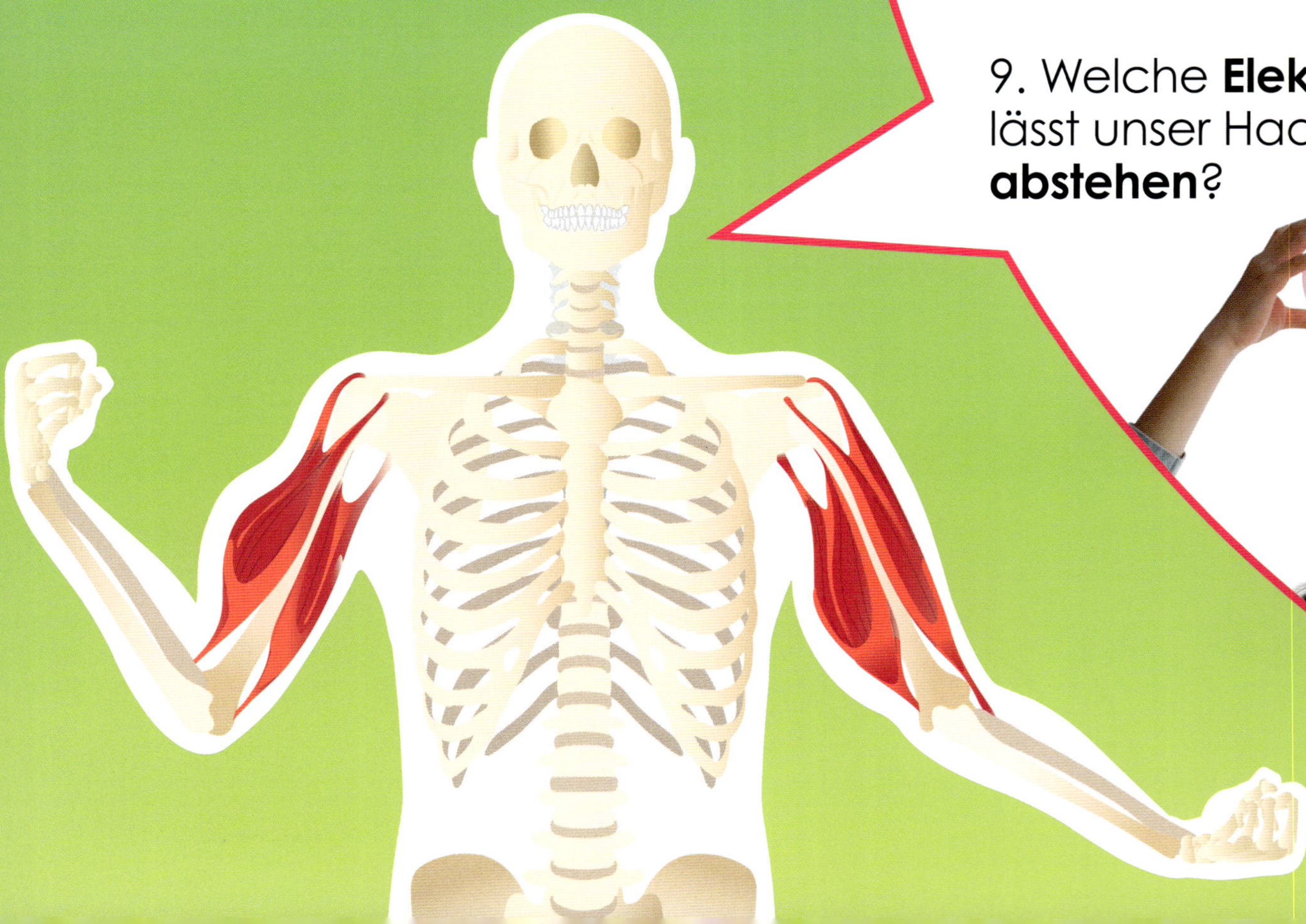

3. Wie heißt die **oberste Hautschicht**?

4. Welche Lebewesen bestehen aus nur **einer Zelle**?

5. Woraus bestehen **Federn**?

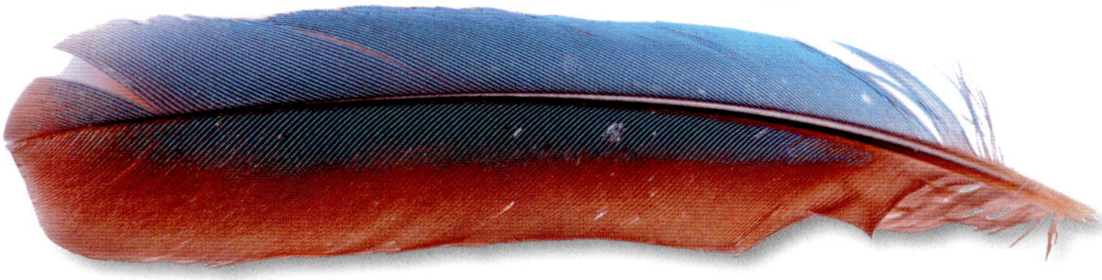

2. Wie viele Lebensabschnitte hat ein **Schmetterling**?

7. Welche **Kraft** zieht uns zur **Erde** hin?

8. Wozu dient **Lackmuspapier**?

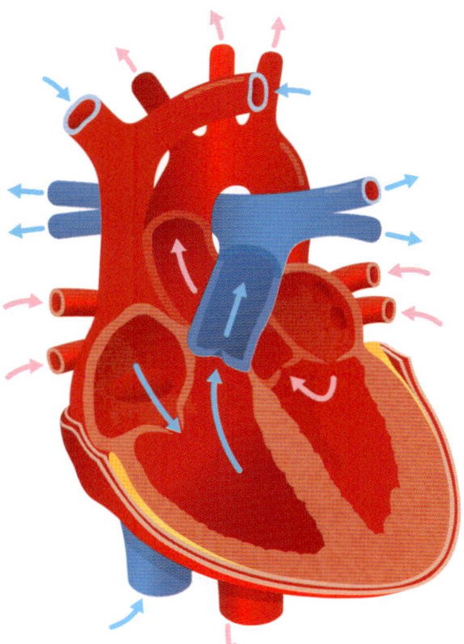

11. Wie heißt eine **Mischung** aus zwei oder mehr **Metallen**?

10. Wie oft pumpt das **Herz** pro Minute **Blut**?

12. Wie **schnell** muss eine Rakete fliegen, um der **Schwerkraft zu entkommen**?

13. Wie gelangt **Luft** in unseren **Körper**?

14. Wie viel der **Erdoberfläche** ist mit **Wasser** bedeckt?

Antworten:

1. Magensäure.

2. **Vier**: Ei, Raupe, Puppe, Schmetterling.

6. In **Feststoffen**.

12. **40 000 km/h** – 125 Mal schneller als ein Rennauto.

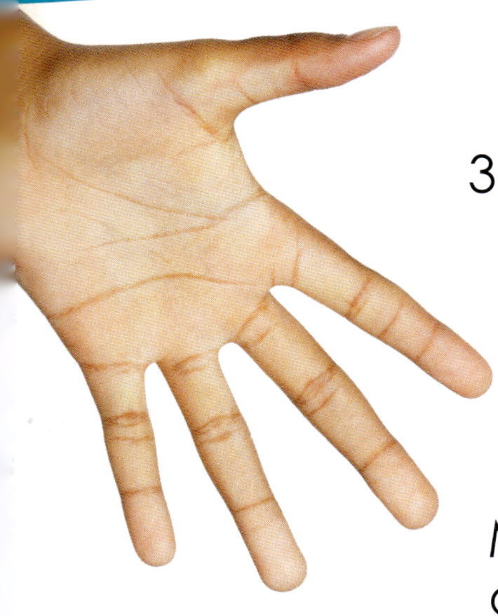

3. **Epidermis**.

4. Bakterien.

5. Aus **Keratin**, dem Material aus dem auch deine **Fingernägel** sind.

7. Die Schwerkraft.

8. Mit **Lackmuspapier** wird getestet, wie **sauer** oder **alkalisch** eine Flüssigkeit ist.

9. **Statische Elektrizität**.

10. Das **Herz** pumpt **Blut** rund 80 Mal pro Minute.

11. Legierung.

14. Über **zwei Drittel** der Erdoberfläche ist mit Wasser bedeckt.

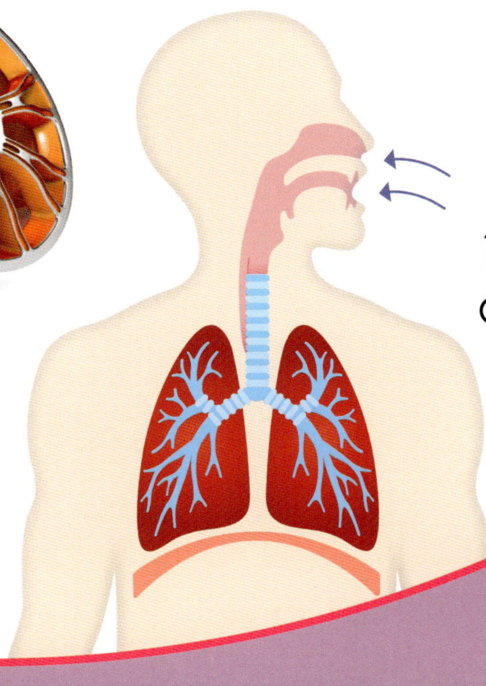

13. Beim Atmen durch **Mund** und **Nase**.

Glossar

Amphibien
Kaltblütige Wirbeltiere, die meist im Wasser leben, wenn sie jung sind. Wenn sie ausgewachsen sind, können sie sowohl im Wasser als auch an Land leben.

Anpassung
Wenn Tiere sich im Lauf der Zeit verändern, um besser in ihrer Umgebung leben zu können. Diesen Prozess der Anpassung nennt man auch Evolution.

Arterien
Blutgefäße, die sauerstoffreiches Blut vom Herzen zu den Geweben transportieren.

Atmosphäre
Eine Schicht aus Gasen, die einen Planeten umhüllt.

Atome
Die kleinsten Teilchen, aus denen alles im Universum besteht.

Atomkern
Das aus winzigen Teilchen bestehende Zentrum eines Atoms.

Ausgestorben
Beschreibt eine Tier- oder Pflanzenart, von der alle Mitglieder von der Erde verschwunden sind.

Bakterien
Mikroskopisch kleine Lebewesen, die überall auf der Erde leben.

Brennstoff
Ein Stoff, der verbrannt wird, um Wärme oder Energie zu erzeugen.

Dampf
Extrem kleine Flüssigkeitstropfen, die beim Erhitzen von Flüssigkeiten wie Wasser entstehen.

Druck
Gewicht oder Kraft, die entsteht, wenn etwas gegen etwas anderes gedrückt wird.

Evolution
Ein Prozess, der die allmählich fortschreitende Entwicklung und Anpassung der Lebewesen bezeichnet, bei der neue Arten entstehen und andere aussterben.

Filtern
Der Vorgang, wenn Flüssigkeiten oder Gase durch einen Filter geleitet werden, um feste Stoffe zu entfernen.

Fotosynthese
Der Vorgang, bei dem Pflanzen aus Sonnenlicht Nahrung erzeugen.

Kapillaren
Winzige Blutgefäße, die Blut durch Gewebe von den Arterien zu den Venen befördern.

Keratin
Ein Stoff aus dem Federn, die Schalen vieler wirbellosen Tier und auch deine Fingernägel sind.

Kokon
Ein Gehäuse, in das sich ein Schmetterling während dem Prozess der Metamorphose hüllt.

Konduktion
Die Übertragung von Wärme zwischen einem Feststoff und einer Flüssigkeit oder einem Gas.

Konvektion
Die Übertragung von Wärme durch die Bewegung von Flüssigkeiten oder von Gasen.

Kraft
Ein Druck oder Zug, der bewirkt, dass Dinge sich bewegen, schneller werden, die Richtung ändern, langsamer werden oder aufhören sich zu bewegen.

Kreislauf (Körper)
Netzwerk von Adern, durch die das Blut im Körper fließt. Es wird vom Herzen durch die Arterien gepumpt und strömt durch die Venen wieder zurück.

Material
Ein Stoff, aus dem Dinge bestehen. Er kann in der Natur vorkommen oder von Menschen gemacht sein.

Metamorphose
Der Vorgang, bei dem manche Tiere von der Geburt bis zum Erwachsenenalter eine Verwandlung in verschiedene Formen durchlaufen.

Mineralien
Natürlich vorkommender Feststoff aus Kristallen, wie etwa Salz. Alle Gesteine bestehen aus Mineralien.

Moleküle
Gruppe von miteinander verbundenen Atomen.

Muskel
Ein Organ des menschlichen Körpers, das aus Fasern besteht und der Bewegung von Körperteilen dient.

Nerv
Langer Faden aus Nervenzellen, der Impulse zwischen Gehirn, Wirbelsäule und anderen Teilen des Körpers weiterleitet.

Neutron
Ein Teilchen, das keine elektrische Ladung hat.

Orbit
Die Umlaufbahn eines Objekts um einen größeren Himmelskörper, wie etwa die Umlaufbahn des Mondes um die Erde.

Reibung
Eine Kraft, die zwischen zwei sich berührenden Gegenständen wirkt, die sich aneinander vorbeibewegen.

Reptilien
Kaltblütige Wirbeltiere mit schuppiger Haut, die meist Eier legen.

Sauerstoff
Ein farbloses Gas in der Luft. Wir benötigen Sauerstoff zum Atmen.

Säugetiere
Warmblütige Wirbeltiere, die eine mit Haaren bedeckte Haut haben und ihre Jungen mit Milch ernähren.

Schleim
Ein dicker, klebriger Stoff, der Nase, Lunge und Darm schützt.

Schwingung
Die sehr schnelle Auf-und-ab-Bewegung winziger Teilchen.

Schwerkraft
Eine Kraft, die bewirkt, dass sich Gegenstände gegenseitig anziehen und auf der Erde alle Dinge nach unten fallen.

Spektrum
Der Bereich von etwas, etwa der Bereich von Farben in einem Regenbogen.

Stern
Eine riesige glühende Gaskugel, die in ihrem Kern Energie erzeugt.

Strahlung
Die Übertragung von Energie durch Wellen oder Teilchen, etwa wenn Hitze von der Sonne unser Gesicht erwärmt.

Stromlinienförmig
Eine glatte Form, an der sich Luft leicht vorbeibewegen kann.

Tarnung
Farben oder Muster, mit denen sich Tiere oder Pflanzen ihrer Umgebung angleichen.

Teilchen
Extrem kleine Teile von Feststoffen, Flüssigkeiten oder Gasen.

Teleskop
Ein stark vergrößerndes Gerät zum Betrachten ferner Objekte am Himmel wie Sterne und Planeten.

Universum
Das gesamte Weltall und alles, was sich darin befindet.

Venen
Blutgefäße, die Blut aus den Geweben zum Herzen befördern.

Verdunstung
Der Vorgang, wenn eine Flüssigkeit erhitzt und zu Dampf oder zu einem Gas wird.

Wirbellose
Tiere, die keine Wirbelsäule haben.

Wirbeltiere
Tiere, die eine Wirbelsäule haben.

Zellen
Winzige Bausteine des Körpers, aus denen alle Lebewesen bestehen und die verschiedene Aufgaben haben, etwa Krankheiten zu bekämpfen.

Zwerchfell
Muskel, der sich auf und ab bewegt, um den Luftinhalt der Lunge zu steuern.

Register

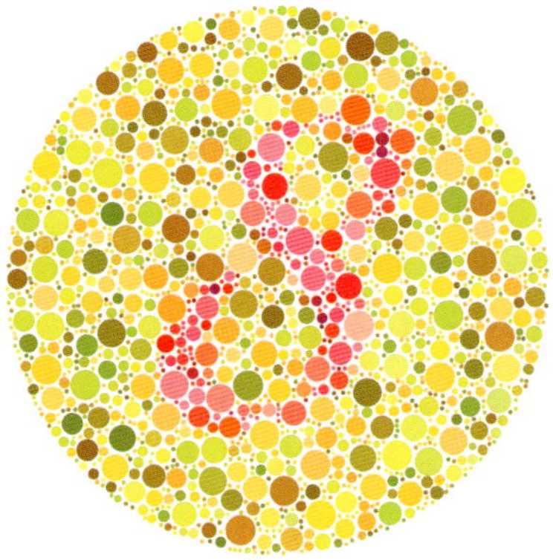

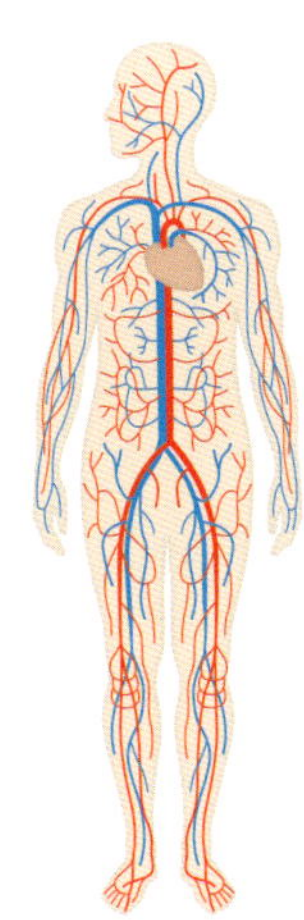

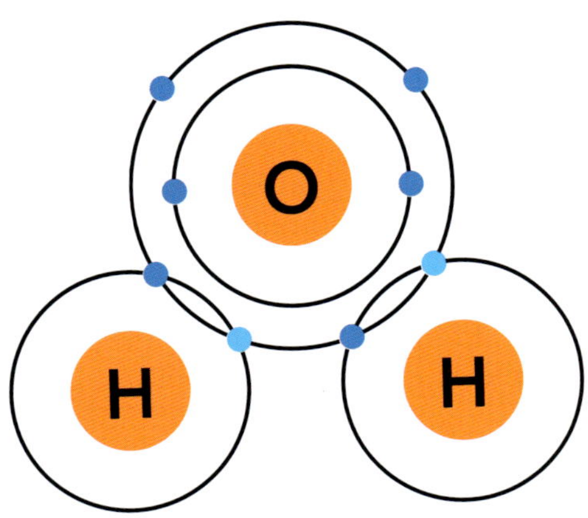

O
H
H

T

U

V

W

Z

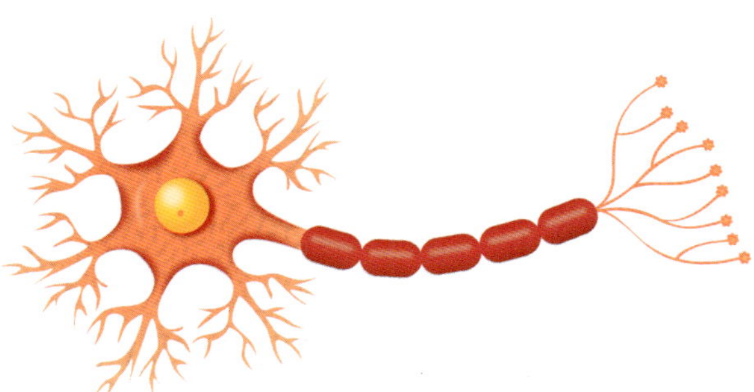

Dank und Bildnachweis

Dorling Kindersley dankt Rhys Maddox, Alex Bailey, Scott Biggs, Rose McCloskey von der Fulbridge Academy für die fachliche Beratung und Dr. Alec Bennett FRMetS, CMet für seine Hilfe zu Wind und Hurrikanen.

Der Verlag dankt folgenden Personen und Organisationen für die freundliche Genehmigung zum Abdruck von Fotos:

(Abkürzungen: o = oben, u = unten, m = Mitte, l = links, r = rechts, g = ganz)

2 Alamy Stock Photo: Kim Karpeles (mu). Dreamstime.com: Rob Stegmann / Geckophoto (mru). **3** Alamy Stock Photo: Prisma Archivo (mlu). **4** Dorling Kindersley: Richard Leeney / Whipsnade Zoo (mro). **5** 123RF.com: Andrey Kryuchkov (mro); Steven Coling (mo); Fares Al Husseni (gor/Gras). Depositphotos Inc: Xalanx (gor). **7** Dreamstime.com: Marcomayer (mro); Steven Melanson / Xscream1 (mr). **8** Dorling Kindersley: Royal Tyrrell Museum of Palaeontology, Alberta, Kanada (ul). **8-9** Dreamstime.com: Steven Melanson / Xscream1 (go). **9** Dreamstime.com: Wafuefotodesign (mr). **10-11** 123RF.com: Sergii Kolesnyk. **11** 123RF.com: Sebastian Kaulitzki (mru). Getty Images: David Shale / Nature Picture Library (ur). **12** Dreamstime.com: Iliuta Goean / Surub (ul); Rob Stegmann / Geckophoto (m). **12-13** Fotolia: shama65 (m). **13** 123RF.com: Rafal Cichawa / rchphoto (mro). Dreamstime.com: Cathy Keifer / Cathykeifer (m); Petergyure (ml); Wafuefotodesign (um); Peter Wollinga (mr); Steven Melanson / Xscream1 (mru). **14** Alamy Stock Photo: BSIP SA (ml). Science Photo Library: Dennis Kunkel Microscopy (mlu). **15** Alamy Stock Photo. **16-17** Science Photo Library: Nigel Cattlin (u). **17** 123RF.com: Maria Dryfhout (mru). Alamy Stock Photo: Nature Picture Library (um). Dorling Kindersley: Claire Cordier (mru/Löwenzahn). Dreamstime.com: Dmitri Illarionov (mlo). **18-19** naturepl.com: Andy Sands. **18** 123RF.com: Chris Hill (ul); Tamara Kulikova (um). **19** Science Photo Library: Juergen Berger (mro). **20-21** Getty Images: Karthik photography. **22** 123RF.com: T.W. Woodruff (ul). Dorling Kindersley: Natural History Museum, London (mro). Dreamstime.com: Alfredo Falcone (um); Siloto (mr). Science Photo Library: Dennis Kunkel Microscopy (m). **22-23** Dorling Kindersley: Richard Leeney / Whipsnade Zoo. **24-25** Depositphotos Inc: Gudkovandrey. **24** Dreamstime.com: Anke Van Wyk (mru). **25** Alamy Stock Photo: Dominique Braud / Dembinsky Photo Associates (mro); Karen Debler (mru). Depositphotos Inc: enigma.art (mu). Robert Harding Picture Library: Philip Price (ma). **26-27** Getty Images: Manoj Shah (u). **27** 123RF.com: edan (mlo); Sergej Razvodovskij (mo). **28** Alamy Stock Photo: SConcepts (ul). **29** 123RF.com: Ivan Martynyuk (mro). Dreamstime.com: Holger Leyrer / Leyrer (mr). **30** Science Photo Library: Power and Syred (mru). **30-31** 123RF.com: Iakov Filimonov / jackf. **31** Alamy Stock Photo: Florilegius (mro). Dorling Kindersley: Royal British Columbia Museum, Victoria, Kanada (mr). **32-33** Dorling Kindersley: Royal Tyrrell Museum of Palaeontology, Alberta, Kanada. **33** Alamy Stock Photo: Corbin17 (mru). Dorling Kindersley: Dan Crisp (mo). Getty Images: Scientifica (ur). **34** Dorling Kindersley: Arran Lewis (go). **34-35** Dreamstime.com: Sebastian Kaulitzki / Eraxion (u). **35** Dreamstime.com: Alexstar (go). **36** Science Photo Library: Microscape (mr). **37** Dreamstime.com: Sebastian Kaulitzki / Eraxion (mlo). Science Photo Library: (mo). **40-41** Dorling Kindersley: Arran Lewis. **40** Fotolia: Yaumenenka / eAlisa (mlu). Getty Images: Susumu Nishinaga (ur). **43** 123RF.com: Oleg Mikhaylov (mlo); Sergey Novikov (mo). **44** Dreamstime.com: Karl Daniels / Webphoto99 (ul). Getty Images: Danita Delimont (mlu). **46** Dreamstime.com: Alexstar (mlu); Sebastian Kaulitzki / Eraxion (ul). **49** Dreamstime.com: Edvard Molnar / Edvard76 (mr). **52** Getty Images: Image Source (ul). **53** 123RF.com: Suttha Burawonk (mlo). **55** 123RF.com: didecs (mr). Alamy Stock Photo: Nir Alon (mro). **56** Dreamstime.com: Christopher Wood / Chriswood44 (u). **56-57** Dreamstime.com: Dmitry Islentyev (go). **57** Dreamstime.com: Eugenesergeev (mr). **58** Alamy Stock Photo: STOCKFOLIO® (mlu); VIEW Pictures Ltd (ul). **60-61** 123RF.com: Gustavo Andrade. 61 Dreamstime.com: Christopher Wood / Chriswood44 (mo); Pablo Hidalgo / Pxhidalgo (mro). **62-63** 123RF.com: Ksenia Ragozina. **65** Dorling Kindersley: Booth Museum of Natural History (mro). Dreamstime.com: Eugenesergeev (mo). **66-67** Getty Images: Wakila. **68-69** Dreamstime.com: Dmitry Islentyev (u). **69** Dreamstime.com: Artem Gorohov / Agorohov (mlo). **70-71** Dreamstime.com: Maglara (u). **72** Dreamstime.com: Lkordela (go). **72-73** iStockphoto.com: KeithSzafranski (u). **73** 123RF.com: jezper (go). **74** iStockphoto.com: KeithSzafranski. **75** Dreamstime.com: Lkordela (mro); Meryll (mr). **76** Alamy Stock Photo: Prisma Archivo (mlu). Getty Images: mfto (mu). **79** Depositphotos Inc: phakimata (r). iStockphoto.com: marshalgonz (mu). **80** Alamy Stock Photo: Nature Picture Library (ul). iStockphoto.com: MarcelC (mlu). **80-81** 123RF.com: Steven Coling. **82** 123RF.com: jezper (mo); skylightpictures (mo/Dam). Dreamstime.com: Dmitry Kalinovsky / Kadmy (mlo). **82-83** 123RF.com: Pornkamol Sirimongkolpanich / ,inlovepai. **85** 123RF.com: cobalt (mro). Dreamstime.com: Leung Cho Pan (mr). **86** iStockphoto.com: adventtr (ul); chargerv8 (mlu). **87** Alamy Stock Photo: Blend Images. **88** 123RF.com: nimon thong-uthai (mu). Dreamstime.com: Dan Van Den Broeke / Dvande (mlu). **91** 123RF.com: adam88x (m). Dreamstime.com: Anankkml (mlo). **92** Getty Images: skodonnell (u). **92-93** 123RF.com: Cyoginan (go). **95** Dreamstime.com: Stu Porter / Stuporter (mlo). **96-97** Alamy Stock Photo: Frank11. **98** 123RF.com: Cyoginan (mlu). **100** Alamy Stock Photo: John James Wood (mlu). **101** 123RF.com: Anyka (mlu). Alamy Stock Photo: Kim Karpeles (mru). PunchStock: Digital Vision / Martin Poole (mo). **103** Dreamstime.com: Danil Roudenko / Danr13 (mru). **104-105** Getty Images: skodonnell. **106-107** Alamy Stock Photo: cmtransport. Dreamstime.com: Stevanzz (Sky). **107** Dorling Kindersley: NASA (mro). **108** NASA und das Hubble Heritage Team (AURA/STScl): NASA, ESA und S. Beckwith (STScl) und das HUDF Team (gor). NASA: Bill Ingalls (u). **109** Dreamstime.com: Seaphotoart (m). **110** 123RF.com: Andrey Kryuchkov (m/Gras und Boden); Fares Al Husseni (m). Depositphotos Inc: Xalanx (ml). **111** Dreamstime.com: Paul Van Den Berg / Paulvandenberg71 (mo). **112-113** Alamy Stock Photo: Tawatchai Khid-arn. **114** Dreamstime.com: Massimiliano Agati (ul). **115** Dreamstime.com: Antonprado (mro). **117** Alamy Stock Photo: Paulo Oliveira (ur). Dreamstime.com: Seaphotoart (mru). iStockphoto.com: BulentBARIS (mru/Dämmerung). **118-119** 123RF.com: vacclav. **119** 123RF.com: Stanislav Pepeliaev (mo). **121** Dreamstime.com: Lastdays1 (mlo). Getty Images: Kevin Horan (mo). **122** Dreamstime.com: Andrey Armyagov (gor). **123** Dreamstime.com: Emmanuel Carabott / Emmanuelcarabott (mlu); Lars Christensen / C-foto (mru); Ulkass (mru/Wolken). NASA: ESA und das Hubble Heritage Team (STScl / AURA) (go). **124-125** Dreamstime.com: Patryk Kosmider. **124** NASA: (mlu); ESA und A. Simon (NASA Goddard) (ml). **125** Alamy Stock Photo: Dennis Hallinan (mru). **127** NASA: (mo); Ames / SETI Institute / JPL-Caltech (mlo). **128-129** NASA und das Hubble Heritage Team (AURA/STScl): NASA, ESA und S. Beckwith (STScl) und das HUDF Team. **129** Dreamstime.com: Tedsstudio (mru). Getty Images: Joe McNally (mr). **130** NASA: (m, um, ur). **130-131** NASA: Bill Ingalls. **133** Alamy Stock Photo: cmtransport (mlu). **134** Alamy Stock Photo: Blend Images (mru). **135** Dreamstime.com: Picstudio (mo). Fotolia: dundanim (mru). iStockphoto.com: thawats (gol). **136** Getty Images: skodonnell (ml). **136-137** NASA: Carla Cioffi (u). **137** Dorling Kindersley: The Science Museum, London (m). Dreamstime.com: Andrey Sukhachev / Nchuprin (gor). iStockphoto.com: Tashatuvango (mlu). **140** Dreamstime.com: Andrey Armyagov (ur). Getty Images: mfto (um). **141** 123RF.com: Oleg Mikhaylov (ul); Stanislav Pepeliaev (um); Sebastian Kaulitzki (um/Bärtierchen). **142** 123RF.com: didecs (ur). Dreamstime.com: Leung Cho Pan (mu). **143** 123RF.com: Iakov Filimonov / jackf (ur). Dreamstime.com: Iliuta Goean / Surub (mu).

Vorsatz: Dorling Kindersley: Arran Lewis (mu), NASA (mo), Richard Leeney / Whipsnade Zoo (gor). Dreamstime.com: Kenneth Keifer (gur), Sebastian Kaulitzki / Eraxion (mu/Leukozyten), Torian Dixon / Mrincredible (um/Planet), Yinan Zhang (mro). Fotolia: valdis torms (mru). Getty Images: DAJ (mru), skodonnell (mr). iStockphoto.com: thawats (gor). NASA: Bill Ingalls (ur), ESA und das Hubble Heritage Team (STScl / AURA) (um). **Nachsatz:** Dorling Kindersley: Arran Lewis (um), NASA (mo), Richard Leeney/Whipsnade Zoo (gor). Dreamstime.com: Kenneth Keifer (gur), Sebastian Kaulitzki / Eraxion (Leukozyten), Torian Dixon / Mrincredible (um/Planeten), Yinan Zhang (mro). Fotolia: valdis torms (mru). Getty Images: DAJ (mru), skodonnell (mr). iStockphoto.com: thawats (gor). NASA: Bill Ingalls (ur), ESA und das Hubble Heritage Team (STScl / AURA) (um).

Cover: *Vorn:* Alamy Stock Photo: cmtransport (gor). Dorling Kindersley: NASA (mo). Dreamstime.com: Sebastian Kaulitzki / Eraxion (m), Torian Dixon / Mrincredible (ul), Yinan Zhang (mo/Magnetschwebebahn). Fotolia: valdis torms (m/Atom). *Hinten:* 123RF.com: Pornkamol Sirimongkolpanich / inlovepai (mru), Sergii Kolesnyk (ml). Dorling Kindersley: Richard Leeney / Whipsnade Zoo (mlo). Dreamstime.com: Andrey Armyagov (mu). NASA: ESA und das Hubble Heritage Team (STScl / AURA) (mru/Sterne). Science Photo Library: D. Van Ravenswaay (m). *Rücken:* NASA: Bill Ingalls (mu).